日報隠蔽

自衛隊が最も「戦場」に近づいた日

布施祐仁
三浦英之

集英社文庫

防官文第２０２６１号
平成２８年１２月２日

行政文書不開示決定通知書

布施　祐仁　殿

防衛大臣

平成２８年９月３０日付けの行政文書の開示請求について、行政機関の保有する情報の公開に関する法律（平成１１年法律第４２号。以下「法」という。）第９条第２項の規定に基づき、下記のとおり、開示しないことと決定しましたので通知します。

記

1　不開示決定した行政文書の名称
開示請求された「南スーダン派遣施設隊が現地時間で２０１６年７月７日から１２日までに作成した日報」に係る行政文書

2　不開示とした理由
本件開示請求に係る行政文書について存否を確認した結果、既に廃棄しており、保有していなかったことから、文書不存在につき不開示としました。

＊　この決定に不服があるときは、行政不服審査法（平成２６年法律第６８号）第２条の規定に基づき、この決定があったことを知った日の翌日から起算して３か月以内に、防衛大臣に対して審査請求をすることができます。ただし、決定があったことを知った日の翌日から起算して３か月以内であっても、決定の日の翌日から起算して１年を経過したときは申立てをすることができません。
この決定の取消しを求める訴訟を提起するときは、行政事件訴訟法（昭和３７年法律第１３９号）の規定に基づき、この決定があったことを知った日から６か月以内に、国を被告として（訴訟において国を代表する者は法務大臣となります。）、同法第12条に規定する裁判所に処分の取消しの訴えを提起することができます。ただし、決定があったことを知った日から６か月以内であっても、決定の日から１年を経過したときは提起することができません。

＊　開示請求受付日：平成２８年１０月３日
補　正　期　間：なし。
開　示　決　定　日：平成２８年１２月１日

請求受付番号：２０１６.１０.３-本本Ｂ１０５５

筆者（布施）の「日報」開示請求に対して防衛省より届いた不開示決定通知書（二〇一六年一二月二日付）。南スーダンPKOに関する防衛省・自衛隊の「日報隠蔽」が問題化するきっかけとなった。

上右　**安倍晋三**（一九五四〜）―第九〇・九六・九七・九八代内閣総理大臣、第二一・二五代自由民主党総裁。二〇一五年九月、安保関連法案を成立させる。第三次安倍政権・第二次改造内閣の閣僚人事において、稲田朋美氏を防衛大臣に任命。

上左　**稲田朋美**（一九五九〜）―弁護士だった二〇〇五年、第四四回衆議院議員選挙で初当選。党政務調査会長を経て、二〇一六年八月防衛大臣に就任するが、二〇一七年七月「南スーダン日報問題」の責任を取り辞任。

下右　**黒江哲郎**（一九五八〜）―一九八一年、防衛庁（当時）入庁。二〇一五年から事務次官を務めるが、「日報問題」の責任を取り辞任。

下左　**岡部俊哉**（一九五九〜）―一九八一年、陸上自衛隊入隊。二〇一六年、陸上幕僚長に就任するが、「日報問題」の責任を取り辞任。

南スーダン人物相関図

南スーダン政府軍（SPLA＝スーダン人民解放軍）

SPLA（政府軍）	2013年12月 分裂＝内戦勃発	SPLA−IO（政府軍反主流派）
キール大統領	対立	マシャール前副大統領

出身民族 ディンカ族	第三勢力 エクアトリア人	出身民族 ヌエル族

南スーダン共和国広域図

2015年の行政区分変更前に基づいて作成

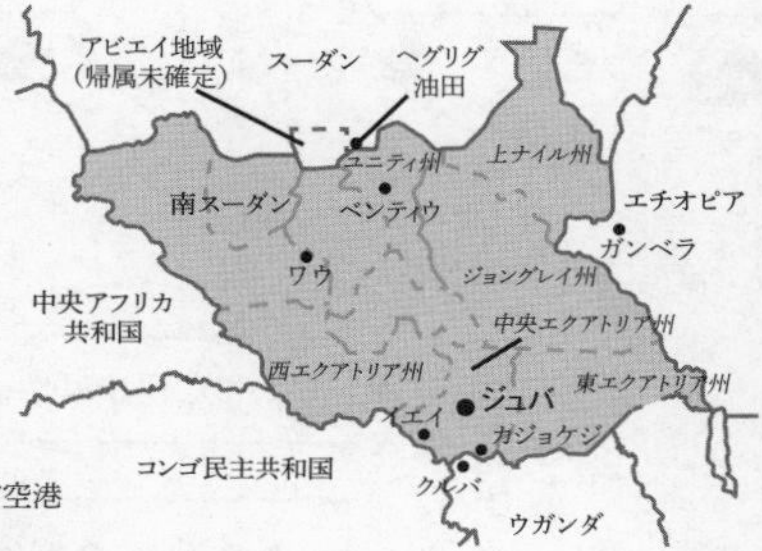

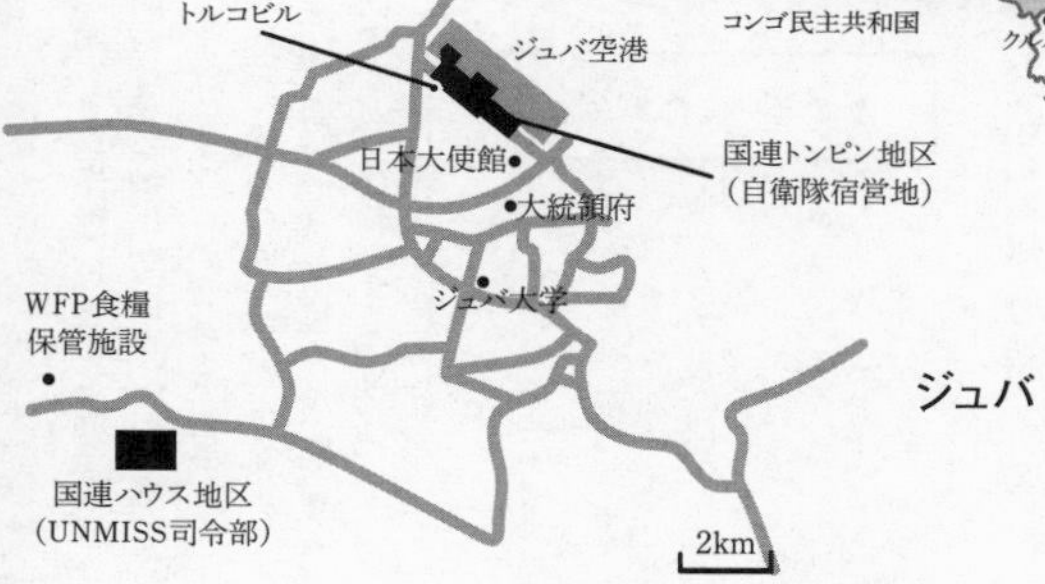

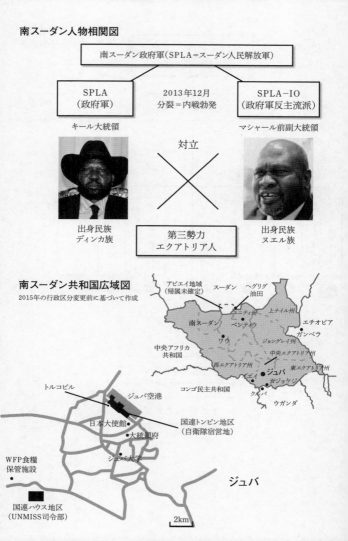

防衛省・自衛隊組織略図

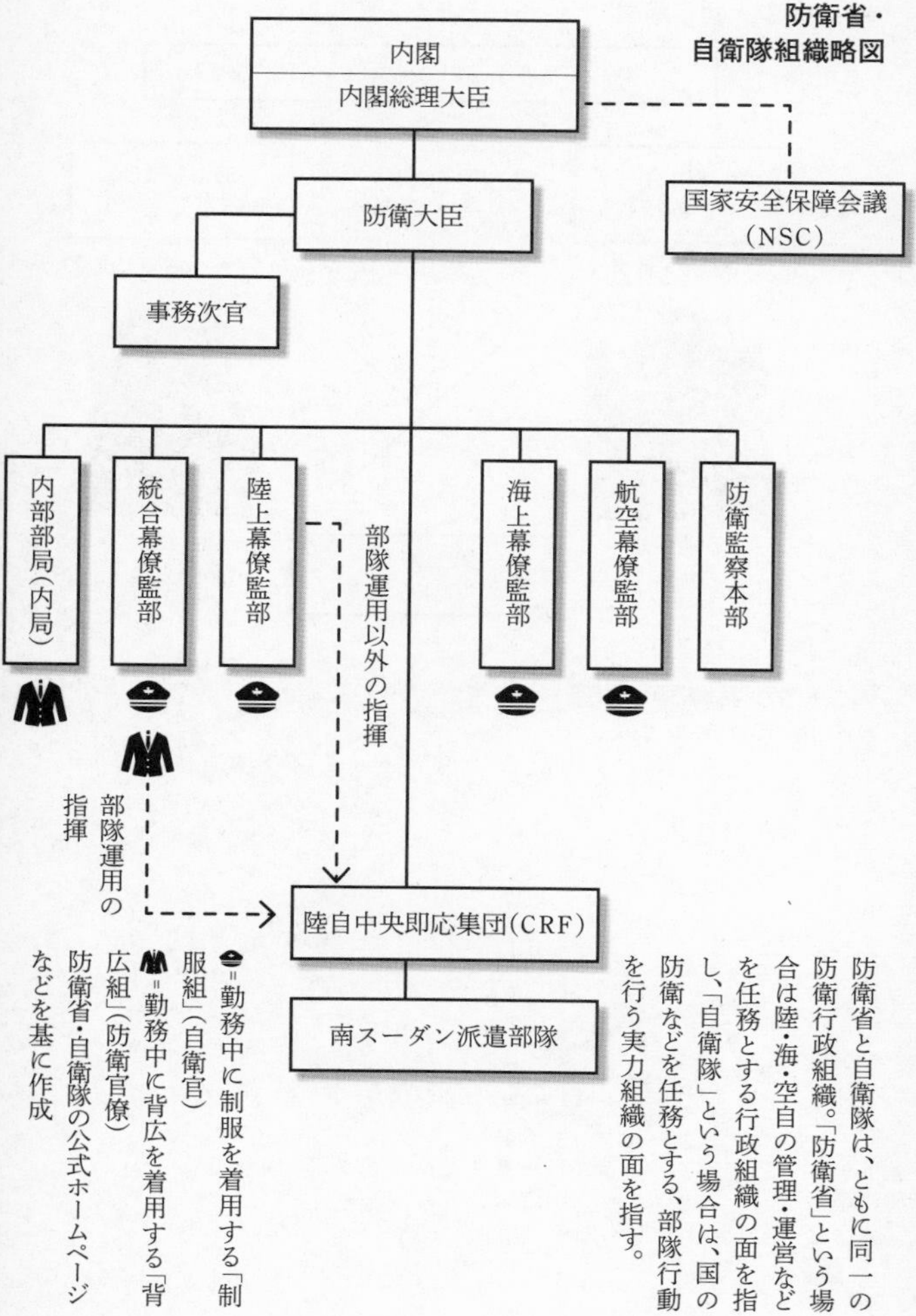

防衛省と自衛隊は、ともに同一の防衛行政組織。「防衛省」という場合は陸・海・空自の管理・運営などを任務とする行政組織の面を指し、「自衛隊」という場合は、国の防衛などを任務とする、部隊行動を行う実力組織の面を指す。

[制帽]＝勤務中に制服を着用する「制服組」（自衛官）

[背広]＝勤務中に背広を着用する「背広組」（防衛官僚）

防衛省・自衛隊の公式ホームページなどを基に作成

日報隠蔽　自衛隊が最も「戦場」に近づいた日　目次

日報隠蔽

自衛隊が最も「戦場」に近づいた日

文庫版の序に代えて

「目」と「耳」と灼熱の大地と

三浦英之

「目」と「耳」は違う——そんな当たり前のことを改めて思い知らされた。

アフリカ大陸で最も暑いと言われる南スーダン。その独立後間もない発展途上国に日本の陸上自衛隊が平和維持活動（ＰＫＯ）で派遣されたのは二〇一二年一月だった。約四年半後の二〇一六年七月、自衛隊が宿営地を置く首都ジュバで大規模な戦闘が勃発する。大統領派と副大統領派が巨大な石油利権をめぐって対立し、やがて民族同士が殺し合う民族紛争へと発展した。

「耳」はいつだって嘘《うそ》をつかれる。

当時、現地に自衛隊を派遣していた日本政府は「政府軍と反政府軍との間に散発的な発砲事案が生じている」という曖昧な表現でジュバの情勢を日本国民に伝えた。日本の憲法九条は海外での武力行使を厳しく禁じている。よって、日本のＰＫＯ派遣の原則も派遣先で武器が使われることがないように、「現地で戦闘が起きていないこと」が大前提となっている。万一、現地で激しい戦闘が起きたのであれば、日本政府は即座に自衛隊を撤収させなければならない。

そこで、政府は奇策を打った。

南スーダンで起きている事実を加工し、「戦闘」を「衝突」と言い換えることで、PKOの派遣原則への抵触を曖昧にし、自衛隊の派遣を現状のまま維持しようと考えたのである。

故に「目」の出番だった。

現地で起きているのは「戦闘」か「衝突」か。日本の国会やマスメディアが不毛な議論を延々と繰り返すなか、私は一眼レフカメラを抱えて南スーダンへと飛び込んだ。「耳」はまったく役に立たなかった。日本政府は邦人の安全確保を名目に南スーダンへの渡航を厳しく禁じており、現地の大使館も、派遣されている自衛隊も、その退避勧告を盾に取り、私の取材の一切を拒否した。だから私は南スーダン政府軍と交渉し、実際に激しい戦闘が起きたという、自衛隊宿営地のすぐ隣に立つ建設中のビルの七階へと案内してもらった。

そこで目にした光景を私は一生忘れないだろう。

その頃、日本ではジャーナリストの布施祐仁が情報公開制度を駆使し、政府の内部資料によって政府の嘘を次々と暴いていった。「戦闘」を「衝突」と言い換え、修辞《レトリック》によってその場を凌《しの》ごうとした日本政府は、情報公開という内なる「目」によって追い詰められ、現職の防衛大臣と事務次官、陸上幕僚長という国防のトップ3がいずれも辞任に追い込まれるという、前代未聞の「政変」へと発展した。そして二〇一七年五月、自衛隊は南スーダンから撤収するのだ。

政府の不正をたった一人で暴き出したジャーナリストと、国民の「目」として内戦中の南スーダンに飛び込んだ新聞記者。従来の日本のメディア界では到底考えられなかったフリーランスと組織メディアとの共闘は、SNS（ソーシャル・ネットワーキング・サービス）という新しい時代のツールによって成し遂げられ、日本とアフリカから絶え間なく発信される事実の数々は、日本の昼夜を問わず激しく政権を揺さぶり続けた。

半年後、二人は組織の垣根を越えて発掘した事実を一冊の書籍へとまとめた。

タイトルは「日報隠蔽」。

事実とは何か。権力とは何か。

一人でも多くの読者に二人の挑戦を「目撃」してほしい。

ウガンダ北部の難民キャンプで
涙を流す南スーダンの少女

プロローグ

布施祐仁

「私は、防衛省・自衛隊を指揮・監督する防衛大臣として責任を痛感しており、大臣の職を辞することといたしました」

安倍晋三首相が「将来の首相候補」と期待をかけ、一年前に防衛大臣に抜擢した政治家が、ついに辞任に追い込まれた。

二〇一七年七月二八日、東京・市ヶ谷の防衛省で開かれた記者会見で、稲田《いなだ》朋美《ともみ》防衛大臣は、安倍首相に辞表を提出したことを明らかにした。

ちょうど一年前に私が行った情報公開請求が、よもやこのように政府と政界を揺るがす出来事に発展するとは思いもしなかった。

この日、防衛省の不祥事を調査する防衛監察本部は、南スーダン国連平和維持活動（ＰＫＯ）の日報隠蔽疑惑について、防衛省・自衛隊の幹部らが組織ぐるみで隠蔽に関与していたとする監察結果を公表した。監察本部は、陸上自衛隊幹部らが本来開示すべき南スーダンＰＫＯの日報を意図的に開示対象から外したり、実際には存在するのに「廃棄した」と偽って開示しなかったとして、これらの行為を情報公開法の開示義務違反および自衛隊法の職務遂行義務違反と断罪した。

稲田大臣はこの結果について、「大変厳しい、反省すべき結果が示された。極めて遺憾だ」と語り、監督責任を取って辞任することを決意したと説明した。隠蔽に関与した陸上自衛隊の幹部らは懲戒処分となり、陸上自衛隊トップの岡部俊哉《としや》陸上幕僚長は監督責任を取って辞任。さらに、事務方トップの黒江哲郎《てつろう》事務次官も、「隠蔽隠し」とも言えるような工作を主導した責任を問われて懲戒処分を受け、辞任した。

これまでも防衛省では、防衛庁時代も含めて多くの不祥事があったが、大臣と事務次官と陸上幕僚長が揃《そろ》って辞任するのは前代未聞のことであった。それが、この事件の重大さと深刻さを物語っていた。

稲田大臣が会見をしている最中、私は都内のホテルの一室で民放テレビ局の取材を受けていた。事件の「当事者」の一人として、稲田大臣の会見を中継で見ながらコメントしてほしいというリクエストであった。

「当事者」としては、できることなら会見に参加して直接稲田大臣に質問したかったが、それはかなわなかった。防衛省で開かれる会見に参加できるのは、原則として同省記者クラブ（防衛記者会）に所属するマスコミの記者に制限されていたからだ。

モニターに映る稲田大臣は、以前に比べて頬がこけ、だいぶ憔悴《しょうすい》しているように見えた。

防衛省が日報の隠蔽という事実を認めたのは一つの前進ではあったが、モヤモヤした気持ちは晴れなかった。稲田氏は大臣を辞任したが、肝心の自身の疑惑については否定し、監察結果でも、その点はうやむやにされたからである。それに加えて、いつまでたっても疑惑の真相が解明されず、自衛隊の海外派遣のあり方などの本質的な議論に進めないことへの不満も大きかった。

日本は一九九一年に自衛隊を初めて海外に派遣し（湾岸戦争終戦後に海上自衛隊の掃海部隊をペルシャ湾に派遣）、翌九二年には国際平和協力法（PKO法）を制定してカンボジアPKOに陸上自衛隊を派遣した。以後二五年間、武力行使を禁じる憲法九条との整合性をとるために苦慮し、悪く言えばさまざまなゴマカシを重ねながら自衛隊の海外での活動を徐々に拡大してきた。そのゴマカシが限界まできて、これまで蓋をしてきた矛盾が噴出したのが、今回の日報隠蔽事件であった。

だから、陸上自衛隊が日報を隠さなければならなかった背景を深く掘り下げ、検証することが何よりも重要だと考えていた。それをしなければ、どんなに表面的な「再発防止策」を講じても、また同じようなことが形を変えて起きるのではないか。「稲田大臣の辞任は当然だが、これでこの問題を終わりにしてはならない」と、私はテレビの取材にコメントした。

アフリカから一本のメールが届いたのは、ちょうどその頃だった。

朝日新聞アフリカ特派員の三浦英之記者から、日報問題に関する本を一緒に作らないかという提案であった。

三浦記者とは直接会ったことはなかったが、インターネットのツイッターを通して知り合い、親近感を抱いていた。南スーダンPKOという共通のテーマを追いかけていたからというのもあるが、それだけではなかった。「中立」であろうとする余り、個が見えにくいマスコミの記者が多い中で、取材で感じたことや自分の意見をツイッター上でストレートに表明する三浦氏の姿勢に好感を持っていたからである。

さらに、三浦氏は、日報問題を追及する私の日本での活動に遥《はる》かアフリカから「エール」のツイートを送ってくれていた。

〈ジュバにおける戦闘状況を記した自衛隊日報を情報公開請求し、結果的にその「隠された情報」を開示させたジャーナリスト布施祐仁氏の活動に敬意を表します。政府が隠そうとする不都合な事実を市民に伝えるという一点で、我々はもっと連帯できるのではないかと思う時があります〉（三浦記者、二〇一七年二月八日のツイート）

もともと内戦状態の南スーダンにたびたび入ってリスクを負いながら取材していた三

浦記者には敬意を抱いていたので、このエールはなおさら嬉《うれ》しかった。ツイートに綴《つづ》られた「我々はもっと連帯できるのではないか」という言葉に、心が熱くなった。日本では、記者クラブに所属するマスコミの記者と、クラブに所属せず記者会見などから排除されているジャーナリストとの間には「溝」が存在している。それだけに、三浦氏からの連帯の呼びかけは意外でもあり、新鮮に感じられた。

本を書くことについては、三浦記者からDM（ダイレクトメッセージ）をもらう前から、事件の「当事者」として日報問題の一連の経緯をまとめ、自分なりの検証をしておきたいという思いは持っていた。ただ、南スーダンの現場を一度も取材せずに南スーダンPKOについて論じることに、ジャーナリストとして躊躇《ちゅうちょ》もあった。現地に取材に行くことも考えたが、日本での仕事や個人的な事情から、しばらく実現の見込みはなかった。

だから、三浦記者からの提案は、私にとって願ってもないものであった。日本人記者では恐らく南スーダンの現場を最も取材している三浦記者との共著であれば、日本で起こったことだけでなく、南スーダンの現実もしっかりと踏まえた厚みのある日報問題の検証ができるに違いない。

すぐに「ぜひお願いします」と返事を出し、その三〇分後には南アフリカのヨハネスブルクにいる三浦記者と国際電話で本の内容について相談を始めていた。その後、私が日本を舞台に繰り広げられた日報隠蔽事件の一連の経緯について記し、各章の間に三浦記者の南スーダン現地取材ルポを挟み込んでいく構成が決まった。

本書は、私と三浦記者という同年代のジャーナリスト二人が、日本とアフリカそれぞれの地で、日本政府が隠蔽しようとした南スーダンＰＫＯの真相を全力で解き明かそうとした「連帯」の記録である。

Ⅰ　東京×アフリカ

布施祐仁

第1章 請求

二〇一六年八月三日、防衛大臣への就任が決まり、認証式に出席するため官邸入りする稲田朋美氏

戦闘勃発

タタタタタタ……。

乾いた銃声が鳴り止《や》まない。かつてイラクやアフガニスタンで聞いたあの音だ。時おり、機関砲のものと思われる重い射撃音も混ざる。空には数機の戦闘ヘリ。空から地上を攻撃しているのだろうか。ところどころから黒煙が上がっている。かなり激しい戦闘が起こっている様子だった。

インターネットにアップされたジュバで撮影されたとみられる映像を見て、私は、全身から血の気が引くのを感じた。

恐れていたことが、ついに起こってしまったのだ。二〇一六年七月初め、自衛隊が国連ＰＫＯに派遣されている南スーダンの首都ジュバで、政府軍と反政府勢力との大規模な戦闘が勃発し、内戦が再燃してしまったのだ。

南スーダンは二〇一一年七月、五十数年にわたる北部との内戦の末、スーダン共和国から分離独立を果たした。だが、人々が待ち望んだ平和と安定は長くは続かなかった。二〇一三年一二月に、サルバ・キール大統領と副大統領職を解任されたリエック・マシャール氏との政争が原因となって内戦が勃発する。

事実上の政府軍である「SPLA」は、キール氏に忠誠を誓う勢力とマシャール氏に忠誠を誓う勢力に分裂。ジュバで始まった戦闘は瞬く間に南スーダン全土に拡大し、泥沼の内戦へとエスカレートしていった。民族間の対立も煽《あお》られ、内戦はキール大統領の出身部族であるディンカ族とマシャール氏の出身部族であるヌエル族の間の「民族紛争」の様相まで呈するようになった。

周辺国やアメリカなどの働きかけにより二〇一五年八月にようやく「和平協定」が結ばれるが、それはあまりにも脆弱《ぜいじゃく》であった。

和平協定に基づき、二〇一六年四月末にキール大統領がマシャール氏を第一副大統領に任命し、「国民統一」をめざす暫定政府が発足した。しかし、その後も大統領が協定の合意事項をなかなか履行しなかったため、マシャール氏率いる「SPLA－IO」（政府軍反主流派。以下、マシャール派）はフラストレーションを募らせていた。

そして、七月七日の夜、両者はついに衝突する。

夜八時頃、政府軍の検問をマシャール派の車両が強引に突破しようとしたのをきっかけに銃撃戦が発生し、政府軍兵士数名が死亡したのである。

翌八日の夕方、キール大統領とマシャール副大統領が事態への対応を協議するために大統領府で会談したが、いったん火が点《つ》いてしまった争いが収束することはなかった。なんと、会談中に両氏の警護隊の間で銃撃戦が始まってしまったのだ。

戦闘は一気にエスカレートし、政府軍は戦闘ヘリや戦車まで出動させて、軽武装のマシャール派を空と陸から叩《たた》いた。その後、火力で圧倒する政府軍はマシャール派の駐屯地に総攻撃をかけた。さらに、副大統領邸にも攻撃を加えた。

戦闘勃発から四日後の一一日夜、キール大統領とマシャール副大統領がそれぞれ配下の兵士たちに停戦命令を出し、ようやく、ジュバでの戦闘は収束に向かった。南スーダン政府は、この戦闘で両軍合わせて三〇〇人以上の兵士が死亡したと発表した。

ジュバでは当時、約三五〇人の陸上自衛隊の施設部隊が活動していた。にもかかわらず、日本国内では、ジュバでの戦闘勃発に関してほとんど関心が向けられることがなかった。元々、南スーダンPKOへの関心が薄かったのに加えて、メディアの報道が七月一〇日投開票の参議院議員選挙一色だったからだ。

南スーダンへの自衛隊派遣が開始されたのは二〇一一年一一月、民主党（当時）・野田佳彦《よしひこ》政権の時であった。国連からの要請を受け、まずUNMISS（国連南スーダン派遣団）司令部に幕僚を派遣し、二〇一二年一月からは三百数十人規模の陸上自衛隊施設部隊も派遣するようになった。

当初は武力紛争の発生を前提としない「国造り支援」のPKOとしてスタートしたが、二〇一三年一二月に内戦が勃発すると、UNMISSは中心任務を「国造り支援」から、武力紛争から一般市民を保護する「文民保護」に切り替えた。しかし、日本政府（第二次安倍政権）だけは武力紛争の発生を否定し、「国造り支援」を名目とした自衛隊の派遣を続けたのだった。

散発的な発砲事案

「ジュバにおきまして、政府軍と元反政府軍との間で散発的に発砲事案が生じているということです」

二〇一六年七月一二日午前、中谷元《なかたにげん》防衛大臣が記者会見で初めてジュバで発生した戦闘について説明した。戦闘勃発から五日目に入り、すでに両派とも停戦命令を出した後のことで、あまりにも対応が遅いと思った。

防衛省のウェブサイトにアップされた記者会見の記録を読み、私は「散発的に発砲事案が生じている」という説明に強い違和感を持った。

戦車や戦闘ヘリまで出動し、四日間で三〇〇人もの戦死者が出る戦闘を、普通は「散発的な発砲事案」とは言わないだろう。このような言葉を意図的に用いることによって、事態を軽く見せようとしているように私には見えた。

一方、ジュバのアメリカ大使館はフェイスブックに、「ジュバの状況は著しく悪化している（significantly deteriorated）。空港の近くやＵＮＭＩＳＳ本部のあるジェベル地区を含むジュバの全域で、政府軍と反政府軍の激しい戦闘が続いている（serious ongoing fighting）」と投稿していた。

さらに、国連の発表によれば、ＰＫＯ部隊も迫撃砲などで攻撃を受け、中国軍に死者が、ルワンダ軍に負傷者が出たという。ジュバの国際空港に隣接するトンピン地区と呼ばれるエリアに宿営地を構えていた。そのルワンダ軍が攻撃を受けたということは、自衛隊も危険に晒《さら》されている可能性がある。

しかし、中谷大臣の会見では、現地の自衛隊について「現在のところ隊員に被害はない」と触れるだけで、詳しい説明は一切なかった。

事態を軽く見せようとする中谷大臣に、マスコミの記者も食い下がった。

「銃声とおっしゃるのですが、国連南スーダンミッションが出している声明だと、重火器が使われたとか、攻撃用ヘリが使われたとか、そのような指摘もありますし、ＢＢＣを見ていると、戦車も動いたりしていますが、そのようなものが使われたというような認識はおありでしょうか」

大臣は質問には答えず、「政府軍と元反政府軍との間で、発砲事件が生じているという状況は聞いております」と同じ説明を繰り返した。

マシャール派の報道官が英BBCの取材に「内戦に戻った」と語ったことを根拠に、「明らかに認識の違いがある。『発砲事案』という言葉はおかしくないか」と直球で斬り込んだ記者もいたが、中谷大臣は正面から答えず、〝のれんに腕押し〟のような説明に終始した。

なぜ、中谷大臣は「散発的な発砲事案」などという言葉を用いて、ジュバで起きている激しい戦闘を矮小化《わいしょうか》しようとしたのだろうか。

その理由は、記者会見での次のやり取りに表れていた。

記者「ジュバの状況がかなり緊迫化しているということで、わが国のPKO五原則上、停戦合意が崩れれば撤退することもあると思うのですけれども、PKO五原則が現在保たれている状態かどうかの認識と自衛隊を撤退するかどうかのお考えをお願いします」

大臣「派遣されている要員からの報告、また、わが方の大使館、国連からの情報等を総合的に勘案しておりますが、UNMISSの活動地域において、わが国のPKO法における武力紛争が発生したとは考えておらず、反政府側が紛争当事者に該当するとも考えておりません。現に、政府の大統領と反政府の副大統領が、戦闘の停止を命じるというような対応等もいたしておりますので、この政府側と反政府側との間に衝突が生じているということをもって、参加五原則が崩れたということは考えていないということでございます」

大臣の答弁はつまり、戦闘勃発後も依然としてPKO参加五原則は保たれており、自衛隊を撤収させる考えはないということであった。

「PKO参加五原則」とは、日本がPKOに参加する際の条件である。自衛隊が憲法九条違反の武力行使をしないようにするための担保として、PKO法で定められている。具体的には、①紛争当事者間の停戦合意　②紛争当事者の受け入れ同意　③中立性の厳守　④以上の要件が満たされない場合の撤収　⑤武器の使用は必要最小限度──の五つである。

停戦合意が破られ、武力紛争状態になった場合は、政府は自衛隊を撤収させなければならない。

日本は一九九二年にPKO法を制定して以来、カンボジア、ゴラン高原（シリア）、東ティモール、ハイチなどに自衛隊の部隊を派遣してきたが、活動中に武力紛争が発生し、PKO五原則に従って部隊を撤収させたことはない。ただ、ゴラン高原でのPKOでは、シリア内戦の激化にともなう治安悪化により、「部隊の安全を確保しつつ活動を行うことが困難であると判断した」として、二〇一二年一二月から部隊を撤収させた。

民主党の野田内閣の時のことである。

中谷大臣は記者会見で、戦闘勃発後もジュバでＰＫＯ法上の武力紛争が発生していないとする理由について、キール大統領とマシャール副大統領がそれぞれ配下の兵士たちに戦闘停止を命じたことを挙げていた。あくまで、偶発的な衝突であったと言いたかったのだろう。しかし、政府軍がマシャール派をここまで徹底的に攻撃し、首都から追放しておいて、すんなりと和平プロセスに戻れるとはとても思えなかった。

それに、日本政府は停戦命令が出される前の七月一一日午前に開かれた菅義偉《すがよしひで》官房長官の会見でも、「ＰＫＯ法における武力紛争が発生したとは考えておらず、参加五原則が崩れたとも考えていない」と同じ説明をしていた。

つまり、日本政府は、停戦命令があろうがなかろうが、戦闘が続いていようがいまいが南スーダンでは武力紛争は発生しておらず、自衛隊を撤収させる必要はないという考えなのだ。

こんな理屈が通用したら、ＰＫＯ参加五原則の縛りなどまったく無意味になってしまう。戦車や戦闘ヘリまで出動し、数百人の戦死者が出ているこの状況が「武力紛争」でなければ、一体何が「武力紛争」なのか？　「武力紛争」を「発砲事案」と言い換えさえすれば、どんなに激しい戦闘が起こっても自衛隊を撤収させなくてよいのか？

「散発的な発砲事案」という不自然な言葉からは、自衛隊の撤収議論に火が点くのを回避するために、事態をできる限り軽く見せようとする日本政府の意図が透けて見えるような気がした。

中谷大臣の会見から九日後の七月二一日、陸上自衛隊トップの岡部俊哉陸上幕僚長は、自衛隊宿営地の上空を銃弾が飛び交い、一部が宿営地内に着弾していたことを明らかにした。この時も、「弾頭は日本隊を狙って撃たれたものではないとみている」と述べるだけで、それ以上の詳細は明らかにしなかった。

宿営地上空を銃弾が飛び交い、その一部が宿営地内に着弾していたとはただ事ではない。本来なら、真っ先に公表すべきことだ。中谷大臣はなぜ、このことを一二日の記者会見で報告しなかったのか。政府が現地の情報の公開に消極的なのは明らかだった。

それにしても、宿営地上空を銃弾が飛び交うとは、どんな戦闘状況だったのか。政府軍とマシャール派軍はどこで撃ち合っていたのか。本当に自衛隊に被害はなかったのか。私は、ありのままの真実を知りたいと思った。

情報開示請求のきっかけ

私が南スーダンＰＫＯのことを追い始めたのは、二〇一五年の秋からであった。契機となったのは、同年九月の安保関連法の成立である。既存の法律一〇本の改正と一本の新法をひとまとめにした安保関連法は、集団的自衛権の行使など、それまで憲法上できないとされてきた軍事活動を憲法解釈の変更によって新たに自衛隊の任務に加えた。

ＰＫＯについても、それまでは、自衛隊が武器を使えるのは、「自己保存のための自然的権利」として認められる正当防衛と緊急避難の場合に限られていた。基本的に、自分たちが直接攻撃を受けたり、危険に晒されなければ、撃つことはできなかったのである。

しかし、安保関連法の成立によって、離れた場所で武装集団の襲撃を受けたＰＫＯ要員などを救出しに向かう「駆け付け警護」と、他国の軍隊と一緒に宿営地を防衛する「宿営地の共同防護」も、一定の要件の下で実行可能となった。これらの新任務では、正当防衛・緊急避難だけでなく、妨害排除など任務遂行のための武器使用も一部認められた。

同法案の国会審議中に共産党が独自入手した統合幕僚監部（註：防衛大臣の指揮監督の下、陸海空自衛隊を一体的に運用する機関）の内部文書によると、安保関連法の施行後、真っ先に新任務を付与すると想定されていたのが南スーダンＰＫＯであった。

自衛隊が活動する南スーダンＰＫＯは、果たして、駆け付け警護などの新任務を付与できるような状況なのか――。

それを判断するためには、南スーダンＰＫＯの実態をつかむ必要があると考え、私は情報公開制度を使って防衛省に関連する文書の開示請求を始めた。

最初に開示されたのは、第五次派遣施設隊の「教訓要報」と題する全六七頁の文書だった。五次隊は、陸上自衛隊中部方面隊第三師団（司令部・兵庫県伊丹《いたみ》市）を中心に編制され、二〇一三年一二月から二〇一四年五月まで活動した。

なぜ五次隊の文書を開示請求したかと言うと、この時もジュバで戦闘が発生していたからであった。

五次隊が四次隊から指揮を引き継いだその日（一二月一五日）に、ジュバで大規模な戦闘が勃発する。以後、自衛隊は宿営地のある国連エリア（トンピン地区）から一歩も出られなくなってしまう。

「教訓要報」は、その五次隊の活動の教訓を陸上自衛隊研究本部がまとめた文書であった。

私はこの文書を、息をのむようにして読んだ。これまでも情報公開によって入手した自衛隊の内部文書を数多く読んできたが、これほど手に汗を握る緊迫した文書は初めてだった。

正直に言うと、それまでの私の自衛隊ＰＫＯ派遣に対するイメージは、和平合意などによって紛争が終結した後に、道路整備などの人道復興支援をやっているというもので、血なまぐさい「戦争」のイメージはなかった。それだけに、この文書で初めて知った南スーダンの実態には衝撃を受けた。

例えば、自衛隊宿営地のすぐ近くで銃撃戦が起こった時の自衛隊の対応について、次のように記していた。

> 一月五日一八三五頃、今度はＵＮトンピン地区の日本隊宿営地近傍でＳＰＬＡを脱走したヌエル族兵士と彼らを追跡するＳＰＬＡ兵士との間で発砲事案が発生した。じ（註：原文ママ）後、ＵＮＭＩＳＳ司令部からＵＮトンピン地区の警備強化命令が発せられ、ルワンダ隊は日本隊が構築した日本隊宿営地外柵沿いの警戒陣地に歩哨《ほしょう》を配置した。
>
> 日本隊では発砲事案発生直後から全隊員が防弾チョッキ及び鉄帽を着用するとともに、上記の警備強化命令に応じ、隊長が警備強化命令を下達した。

ほかにも、「隊のほぼ全力が宿営地に所在する中、『銃声が近くなる』『曳光弾《えいこうだん》が視認される』などの状況が発生していた」など戦闘の緊迫した状況を表す記述が随所に見られた。

さらに、派遣部隊が「緊急撤収」を視野に入れて動き出していたことも記されていた。

南スーダン情勢が混沌《こんとん》とした状態となり、従来の施設活動への復帰の見通しが全く立たない中、派遣施設隊長は一二月二四日のCRF（註：陸自中央即応集団。陸上自衛隊の海外派遣部隊を一元的に指揮する機関）司令官とのテレビ会議において、緊急撤収計画の具体化を進めるよう示唆された。このため、派遣施設隊長は、隊本部幕僚に対して第四次要員が作成した緊急撤収計画の見直しを指示し、平成二六年一月八日、「緊急撤収計画」を決裁した。

二〇一三年一二月にジュバで戦闘が発生していたことは知識としては頭にあったが、自衛隊がここまで緊迫した状況に直面していたとは知らなかった。正直に告白すると、当時は私自身、関心が薄かったのだ。

「教訓要報」によると、マシャール副大統領の出身部族であるヌエル族の多い北部では政府軍の師団がまるごとマシャール副大統領側に離反し、三つの州の州都を一時支配したという。ディンカ族の住民を保護したＰＫＯの宿営地がヌエル族の武装グループの襲撃を受け、インド軍の兵士二人が殺害される事件も起こっていた。

これらを読めば、誰もが南スーダンは「内戦」に突入したと思うだろう。ＰＫＯ参加五原則に照らせば、自衛隊は撤収しなければならない。

しかし、当時の日本政府高官の会見記録を調べてみると、菅義偉官房長官が二〇一三年一二月二五日の会見で「南スーダン情勢は予断を許さない状況だが、自衛隊の活動するジュバは平穏であると報告を受けている」と述べて、早々に自衛隊撤収の可能性を否定していた。


この時期、国会では、この問題はどのように審議されていたのだろうか。二〇一四年一月二四日から始まった通常国会の会議録を調べてみると、なんと、南スーダンの治安情勢とPKO参加五原則の問題はほとんど議論されていなかった。

唯一、元陸上自衛官でイラク派遣の先遣隊長を務めた自民党の佐藤正久《まさひさ》参議院議員が、海外に派遣された自衛隊の武器使用との関係で質問しているだけであった。これに対する防衛省の政府参考人の答弁は、南スーダンでは武力紛争は発生しておらず、「PKO参加五原則は満たされている」というものであった。

二〇一三年九月まで防衛大臣政務官を務めた佐藤議員には恐らく、防衛省・自衛隊から南スーダン現地のリアルな情報が入っていたのだろう。だが、政府も自衛隊も「教訓要報」に書かれているような現地の詳しい状況について、ほとんど公表していなかった。このことも、国会でPKO参加五原則の問題がほとんど審議されなかった要因になったに違いない。日本のシビリアンコントロール（文民統制）は大丈夫か、と不安がよぎった。

再びジュバで大規模な戦闘が勃発した今、また同じことを繰り返すのか。しかし、二〇一三年一二月の時と違うのは、今度は単に派遣を継続するのかどうかが問われているのではないことだ。参議院選挙が終わり、安倍政権はいよいよ、安保関連法による新任務を南スーダンＰＫＯ派遣部隊に付与しようとしていた。内戦再燃の厳しい現地情勢の中で新任務が付与されれば、隊員のリスクは当然高まる。

新任務付与の可否については、政府内だけでなく、「国権の最高機関」である国会でも、十分な審議と慎重な検討が求められる。そこで欠かせないのは、やはり七月の大規模戦闘時の検証である。

しかし、第一〇次派遣隊の「教訓要報」が作成されるのは、部隊が日本に帰国してから数か月後、つまり二〇一七年の春になる。それを待って情報公開請求するのでは遅すぎる。政府は早ければ、一一月から派遣する第一一次隊に新任務を付与するかもしれなかった。それに間に合わせるためには、「教訓要報」のようなまとめの文書ではなく、現地の部隊がリアルタイムで状況を記録している文書を入手する必要がある。きっと、何かしらそういう文書があるはずだ――。

そう考え、私はジュバでの戦闘が収束した五日後の二〇一六年七月一六日、戦闘発生以降、現地の派遣部隊とそれを指揮する日本の中央即応集団司令部との間でやり取りしたすべての文書を防衛省に開示請求した。

国連の介入に反発する南スーダン政府

ジュバでの戦闘勃発後、マシャール副大統領は身の危険から逃れるためにジュバを離れ、姿をくらましていた。治安維持を担う外国の部隊がジュバに展開し、自身の安全が確保されなければ、ジュバに戻らないと主張した。

それに対して、キール大統領は二〇一六年七月二一日、マシャール氏が四八時間以内にジュバに戻らなければ第一副大統領から解任するという声明を発表する。

結局、マシャール氏は戻らなかった。キール大統領は二五日、マシャール氏を解任し、同派の幹部でジュバに残っていたタバン・デン・ガイ鉱業大臣を第一副大統領に任命した。

キール大統領とマシャール氏が話し合い、再び「紛争解決合意」に基づく和平プロセスに復帰してほしいという淡い期待は、脆《もろ》くも崩れた。

南スーダンでは、ジュバでの戦闘が収束した後も、郊外とりわけ南部の森林部で、政府軍とマシャール派部隊との激しい戦闘が続いていた。これは、それまで比較的平穏だった南スーダン南部のエクアトリア地方の急激な治安の悪化につながっていく。

内戦の再燃という新たな事態に対処するために、国連も動いた。二〇一六年八月一二日、新たな安保理決議が採択され、文民の保護のために四〇〇〇人規模の「地域防護部隊」を増派することを決めた。同部隊には、国連や人道支援関係者、そして文民への攻撃を計画する勢力に対する「先制攻撃」も含む強力な武器使用権限が与えられた。

南スーダンの治安維持は、一義的には南スーダン政府の責任である。しかし、七月の戦闘時のように政府軍が市民や人道支援者を攻撃する状況では、もはや同政府だけには任せられない。地域防護部隊の派遣は、南スーダン政府がその責任を果たさない時は、国連が自ら実力を行使すると決めたことを意味していた。

安保理決議を受けてキール大統領は一五日に議会で演説し、地域防護部隊の派遣に「深刻な懸念を抱いている」とし、「わが国の主権を侵害する内政干渉につながらないようにすべきだ」と警告した。

もし、地域防護部隊が政府軍と交戦状態になったら、法的には、同じＵＮＭＩＳＳ司令部の指揮下にある自衛隊も「紛争当事者」になる。実体的にも、自衛隊も政府軍に「敵」とみなされ、攻撃対象になる可能性は否定できない。しかし、自衛隊のＰＫＯ派遣は違憲となる政府軍との交戦はまったく想定しておらず、対応は困難だろう。

単に違憲か合憲かという問題ではなく、現実的に隊員たちを危険に晒すことになる。

私の中で、このまま自衛隊の派遣を続けていいのか、という思いはさらに強まった。

動き始めた「駆け付け警護」

二〇一六年七月一〇日に投開票された参議院議員選挙で、目標の「改憲勢力で三分の二議席確保」を達成した安倍晋三首相は、二〇一六年八月三日、政権基盤をより強固とするために内閣改造を行った。

改造の目玉となったのは、稲田朋美・自民党前政調会長の防衛大臣起用である。

稲田氏といえば、政調会長の時に「A級戦犯を犯罪人と言い切ることには抵抗がある」などと発言したり、自民党が野党時代の二〇一一年には月刊誌「正論」の対談で「日本独自の核保有を国家戦略として検討すべきだ」と述べるなど、「タカ派」的な言動がたびたび物議を醸してきた政治家だ。

その思想信条は安倍首相に近く、二〇一二年一二月に自民党が政権を奪還して第二次安倍内閣が発足すると、当選三回で副大臣や政務官の経験がないにもかかわらず、行革担当大臣に異例の抜擢《ばってき》をされた。

そもそも、弁護士であった稲田氏を政治家に「スカウト」したのも安倍首相であった。

稲田氏は、いわゆる「南京《ナンキン》大虐殺」で日本軍将校が行ったとされる「百人斬り」は捏《ねっ》造《ぞう》報道によるものだとして、戦後に戦犯として処刑された将校らの遺族が朝日新聞などを名誉棄損で訴えた裁判の代理人を務めていた（二〇〇六年に最高裁で敗訴が確定）。その関係で、二〇〇五年七月、自民党の若手議員の会合に招かれて講演する。それを当時、幹事長代理だった安倍首相が気に入り、衆議院選出馬を要請したといわれている。

自民党の国防部会で活動した経験もなく、防衛はいわば「専門外」であった稲田氏が今回の内閣改造で防衛大臣に抜擢されたのも、同氏を将来の「首相候補」として育てたいという安倍首相の意向が強く働いた結果だとみられた。

しかし、国の防衛に責任を持つ防衛大臣に求められるのは、現実を直視する徹底したリアリズムだ。常に思想信条が先に立ってきた稲田氏に、そのリアリズムがあるのか——。私のこの懸念は、後に的中することになる。

就任してまず注目されたのは、国会議員になってから毎年欠かさなかった終戦記念日の靖国神社参拝を行うかどうかであった。

結局、稲田大臣は靖国には行かず、八月一三日から一六日までアフリカ東部ジブチを訪問し、ソマリア沖アデン湾で海賊対処活動を展開している自衛隊の派遣部隊を視察した。

稲田大臣が終戦記念日に靖国神社を参拝すれば、内閣改造早々、中国や韓国から強い反発を受ける可能性が高い。他方、稲田大臣が日本にいながら靖国神社参拝を見送れば、同氏と信条を同じくする熱心な支持者に失望されることになる。これらを避けるために、急遽《きゅうきょ》ジブチへの視察日程を入れたとみられた。

八月一三日の夜のニュース番組で映し出された、成田空港を出発する稲田大臣は、デニムのキャップにサングラスをかけ、カジュアルなブラウスにベストと、まるでバカンスに出かけるかのような格好をしていた。一体何をしに行くつもりか？　私だけではなく、多くの国民が同じような違和感を抱いたはずである。

向かう先は、日本から遠く離れたアフリカの地で、海賊の脅威から民間商船などを守るために自衛官が日々命がけで任務に当たっている現場である。稲田大臣のいでたちからは、そのような現場を視察するという厳粛な気持ちは伝わってこなかった。

稲田大臣が就任した直後の八月七日から八日にかけて、政府が一一月から南スーダンに派遣する予定の第一一次派遣施設隊に「駆け付け警護」と「宿営地の共同防護」の新任務を付与する方針を固めたとマスコミ各社が一斉に報じた。新任務付与に向けて、八月中にも訓練を開始するという。

八月八日の朝日新聞は、「三月の（安保関連）法施行後、参院選前は訓練実施を控えてきたが、与党大勝の結果を受けて、環境が整ったと判断したとみられる」と指摘した。参議院選挙で改憲発議に必要な三分の二議席を確保したのを受けて、〝予測〟通り、安倍政権はいよいよ安保関連法の実行に身を乗り出してきたのである。

一方、八月七日の読売新聞の記事は、「（新任務実施には）少なくとも六か月の訓練期間が必要」という匿名の陸上自衛隊幹部のコメントを紹介している。八月に訓練を開始したとしても、一一月の派遣までは三か月ちょっとしかない。

安保関連法案が、まだ国会で審議されていた二〇一五年の夏。忘れることのできない安倍首相の言葉がある。当時、自衛隊の任務拡大にともなう自衛官のリスク増大の問題が国会でもたびたび取り上げられていた。これについて、安倍首相が自ら国民に説明するとして、自民党のインターネット番組に出演したのである。

この中で安倍首相は、安保関連法で自衛隊のリスクは増大するどころか、むしろ下がるという「自説」を展開した。ＰＫＯの「駆け付け警護」などの新任務についても、「リスクは下がっていくと思う」と明言した。その理由は、任務として明確に位置づけることで、前もってしっかりと訓練ができ、いろんな準備ができるようになるからというものであった。

ところが、いざ法案が成立すると、参議院選挙への影響を避けるために、新任務付与に向けた訓練は一切まかりならんと「封印」したのである。そして、参議院選挙が終わるやいなやその「封印」を解き、一一月から新任務を付与するので急いで訓練しなさいと命令しようとしているのである。

「前もってしっかりと訓練ができるからリスクは下がる」と言っていたのは何だったの

か。あまりにもご都合主義ではないか。訓練が不十分なまま、新任務に就かされる隊員はたまったものではない。

八月七日の新聞報道から約半月後の二四日、稲田防衛大臣は新任務付与に向けた訓練を翌二五日から開始することを発表した。

この日、私は毎日新聞の電話取材を受け、翌日の朝刊に以下の記事が掲載された。

日本がPKOに参加する場合、停戦合意の成立や日本参加への紛争当事者の同意、中立の立場の厳守など五つの条件（PKO参加五原則）を定める。稲田朋美防衛相は「PKO法上の武力紛争は新たに生じておらず、紛争当事者がいるわけではない」として活動継続を明言している。

これに対し、ジャーナリストの布施祐仁さんは「現在の南スーダンは昨年八月の和平協定が維持されているとは言い難く、本来ならPKO参加五原則に基づき撤退を検討すべきだ。ましてや駆け付け警護の任務を与えるなど考えられない」と疑問を投げかける。かつての中立・不介入の立場から文民保護を第一に掲げ、仮に政府軍が文民に危害を加えれば政府軍との交戦も辞さないという近年のPKOの実態を指摘。「自衛隊の場合、国や国に準じる勢力との戦闘は憲法が禁じる武力行使になる。駆け付け警護の任務は隊員にとっても、憲法上も危険な行為だ」と警告する。（「毎日新聞」二〇

一六年八月二五日朝刊）

「人員現況」という名の文書

二〇一六年八月三〇日、政府・与党は、秋の臨時国会を九月二六日に召集することを決めた。

この臨時国会では、自衛隊南スーダンＰＫＯ派遣部隊への新任務付与の可否が大きなテーマになる。国会が始まるまでに、七月の戦闘時の状況を可能な限り調べておきたいと思った。

九月一八日、東京新聞に興味深い記事が載った。ジュバ発の共同通信の配信記事だ。見出しは「南スーダンＰＫＯ／陸自宿営地／隣で銃撃戦／七月／参加要件に疑問も」。

ジュバで七月に大規模戦闘が起こった時、自衛隊宿営地のすぐ隣にあるビルで二日間にわたり政府軍とマシャール派の間で銃撃戦があったというのだ。

ビルと宿営地の距離は約一〇〇メートル。現場を案内した南スーダン政府軍の報道官によれば、ビルを占拠し上階に陣取ったマシャール派の兵士たちは、そこから狙撃を繰り返していたという。政府軍も反撃し、この戦闘で政府軍の兵士二人が死亡。ビルの外壁には砲弾痕が確認できたと記事は書いている。

自衛隊の宿営地からわずか一〇〇メートルの場所で、政府軍とマシャール派が激しく撃ち合っていたことになる。とすれば、自衛隊宿営地に流れ弾が飛んできたのは必然であったといえる。政府のいう「散発的な発砲事案」どころではない。二か月以上が経って、ようやく七月の戦闘時の一端が明らかになった。

七月の戦闘時に現地の自衛隊部隊が作成した内部文書が開示されれば、もっと詳しい状況がわかるかもしれない。そうなれば、間もなく始まる臨時国会でも、より現地の実態に即した議論ができるはずだ。七月一六日付で行った情報公開請求の開示決定期限が目前に迫っていた。私は、有意義な情報が開示されることを期待した。

だが、その期待は裏切られた。九月中旬、私のもとに防衛省から開示決定通知書が届いた。封を開けて通知書を見ると、一三の行政文書が特定されていた。

その大半は、毎日作成されている「人員現況」という名称の文書で、派遣部隊の各セクション（隊本部、施設小隊、警備小隊など）ごとの隊員数や休んでいる隊員の人数などが記されているだけのA４用紙一枚の簡易な報告文書であった。その他の文書もすべて部隊のロジスティックに関する実務的な文書で、私が知りたかった七月の戦闘時の詳しい情報はどこにも書かれていなかった。

私が開示請求したのは、七月の戦闘時に現地の派遣部隊と日本の上級部隊（中央即応集団司令部）との間でやり取りしたすべての文書である。

注意

人員現況

凡例　赤字:新規　青字:強調

平成28年7月8日現在

区分			定数	現在員	事故の内訳			備考
					国連休暇	入院	その他	
現地派遣隊員合計			357	357				
細部	10次要員	隊本部	[redacted]					
		本部付隊						
		警備小隊						
		施設器材小隊						
		第1施設小隊						
		第2施設小隊						
		第3施設小隊						
		警務班						
	司令部要員		4	4				

開示請求の結果、防衛省から届いた「人員現況」のコピー。各セクションの隊員の人数を報告するだけの簡易な文書で、戦闘の状況などについては何も書かれていなかった。

あれだけ激しい戦闘が行われ、自衛隊宿営地の上空を銃弾が飛び交い、宿営地に流れ弾が複数着弾しているというのに、部隊を指揮する日本の司令部に詳しい状況がまったく報告されていないのか？　そんなことがあり得るのか？

違和感を持ちつつも、こちらで他の文書を特定できていない以上、防衛省の決定に反論しようがない。この時から防衛省内部で「隠蔽」が始まっていたとは、まだ知るよしもなかった。

無数の避難民でごった返す
南スーダンの首都ジュバにある
避難民キャンプ

三浦英之

第2章 現場

南スーダンの首都ジュバから昨日、支局を置いている南アフリカの最大都市ヨハネスブルクに戻った。体が思うように動かない。いつものことだ。この大陸における取材活動は過酷だ。紛争に内戦、飢餓に疫病。破壊された家々と、無造作に打ち捨てられた人々の遺体。現場には決して万全に整備されているとは言い難い複数の飛行機や四輪駆動車を乗り継いで入らなければならず、現地はうだるように暑い。極度の緊張による心身の摩耗から、通常、帰宅後二、三日間はベッドから起き上がれなくなる。今回の出張でもやはり、身体《からだ》の諸器官が限界を超えた。

今回、ジュバに踏み込んだ最大の目的は、二〇一六年七月、キール大統領率いる南スーダン政府軍（SPLA）とマシャール前副大統領に忠誠を誓う反政府勢力（以下、マシャール派）がジュバで大規模な戦闘を繰り広げた際、現場で何が起きたのかをこの目で確かめることだった。

海外通信社からのニュース配信により、現地の大まかな状況はつかんでいるつもりだったが、ジュバには日本から国連平和維持活動（PKO）に派遣されている陸上自衛隊の施設部隊約三五〇人がいる。彼らに関する情報は南アフリカにいてはまったくと言っていほどつかめなかった。日本政府は二〇一六年七月の戦闘以降、南スーダン全域に最高レベルの「退避勧告」（レベル4）を発令している。現地に派遣されている自衛隊や在南スーダンの日本大使館はその勧告を盾に取り、メディアの取材を徹底的に拒否し続けていた。

私に残された選択肢は一つしかなかった。

現地の状況を知りたければ、現地に飛び込むしか方法がないのだ。

摂氏四七度。

南スーダンはアフリカ大陸の中でも最も暑く、それ故に最も皮膚の色の黒い人たちが暮らすと言われる酷暑の国だ。直線的な太陽光が容赦なく素肌を焼き焦がし、乱反射の洪水で、街全体が白く霞《かす》んだようにも見える。

最初に向かったのは、大規模な戦闘が勃発した直後、政府軍兵士による大規模な集団レイプ事件が発生した外国人向けの宿泊施設「タレイン・ホテル」だった。

ＵＮＭＩＳＳ（国連南スーダン派遣団）の本部が置かれている「国連ハウス」のわずか一キロ先で営業していたリゾートホテルのエントランスに近づくと、カラシニコフ自動小銃を抱えた五、六人の政府軍兵士に止められた。運転手兼取材助手のＤが四輪駆動車を降りて取材の交渉に向かったが、すぐさま「帰れ」と追い返された。Ｄが車を発進させる直前、私は周囲の様子を一眼レフで隠し撮りした。

「写真、気を付けてね」とDが私の座っている後部座席を振り返らずに言った。「万一見つかると大変なことになるから」

「わかっている」と私は答えた。「でも、どうしても写真の力が必要なんだ。事実に説得力を持たせるために」

　国際人権団体の報告書によると、このホテルでは七月の戦闘発生直後、支援団体で働く外国人女性たちが侵入者によって集団でレイプされた。襲ったのは暴漢でもテロリストでもなく、市民を守るべきはずの政府軍兵士だった。その数、推定八〇～一〇〇人。政府軍兵士たちは戦闘後の混乱に乗じてホテルに侵入すると、装飾品などを略奪し、支援団体の職員らの面前で地元ジャーナリストを「公開処刑」した上で、主に外国人女性を選んで次々とレイプしていった。

　英ＢＢＣは被害にあった白人女性の証言を次のように報じていた。

「兵士たちは部屋に入ってくるなり、地元スタッフを自動小銃で殴り、男と女を別々の部屋へと分けた。私は一人の兵士に部屋へと連行された。兵士は言った。『俺とセックスするか、この部屋にいる全員にお前をレイプさせるか、どっちがいい？』。選択肢はなかった。私は一人の兵士に、時には複数の兵士に、入れ代わり立ち代わりレイプされた。男たちは暴力的で、仲間に『レイプに加われよ』と言い、『クワイジャ、クワイジャ（白人の女、白人の女）』と大声で叫んだ。レイプに加わらなかった一人の兵士が私の所に来て『悲しいか？』と聞いた。私は狼狽《ろうばい》しながら泣き叫んだ。『当たり前でしょう！』」

ホテルが襲撃されている間、宿泊者たちは携帯電話などで一キロ先にある国連部隊の本部国連ハウスに救助や救援を求め続けていた。しかし、国連部隊は動かなかった。要請を受けた中国とエチオピアの部隊が出動を拒んだのだ。国連部隊は事実上、市民を守るという職務を放棄し、市民からのＳＯＳを握りつぶした。

「タレイン・ホテルの一件をどう思う？」と私は運転席のＤに意見を求めた。

「白人の女は死んだのか？」とＤは素っ気ない声で言葉を返した。「南スーダン人はたくさん死んだよ。そこらじゅうで、本当にたくさん死んだんだ」

翌日は朝から国連世界食糧計画（ＷＦＰ）の大型食糧保管施設へと向かった。

約二二万人の一か月分に相当する約四六〇〇トンの食糧を保管していたこの国連施設は七月の戦闘発生直後、「何者か」に襲われて貯蔵していた食糧はもちろん、巨大な発電機や運搬用の大型車両などすべての物資や設備を略奪された（とＷＦＰは説明しているが、当時政府軍によって厳重に警備されていた巨大な国連施設を真正面から襲い、クレーン付きの大型トラックを使って大量の食糧や重機を根こそぎ運び出す作業を、政府軍以外に一体誰が実行できるだろう？　事実、略奪された大型発電機四台が後日、政府軍基地の中で見つかり、ＷＦＰに「返却」されている）。

食糧保管施設に向かう直前、郊外にあるＷＦＰの本部事務所内で広報官から事前説明を受けた。

ＷＦＰの広報官は滑稽なくらい小心な男だった。国連事務所内で我々との雑談に応じている時も、ＷＦＰの国連車両に乗って現場に移動している時も、絶えず手元にＩＣレコーダーを持って自らの会話を録音している。一体何を記録しているのかと尋ねると、「私が何も余計なことを話していないことを後で証明するためだ」とひどく早口な英語で答えた。そして事あるごとに「ＷＦＰとしましては、食糧の略奪における政府軍の関与について一切コメントができません」と独り言のように繰り返し、その文言が常時手にしているＩＣレコーダーにしっかりと録音されているかどうか、時折再生して確認しているのだ。ＷＦＰを含めた国連機関は南スーダン政府の「許可」を受けた上で、現地での活動を継続している。彼らは世界に事実を明らかにしたい一方で、報道によって南スーダン政府との関係が悪化し、現地での活動が困難になることを恐れてもいるのだ。

事前説明を受けた後、我々は自動小銃で武装した民間警備員四人を引き連れて、ＷＦ

Pの国連車両二台で車列を組んで現場へと向かった。

大型食糧保管施設は大規模な戦闘が行われた地域のほぼ中心部にあった。周囲の民家は爆風で吹き飛び、道の真ん中には政府軍の巨大な戦車が砲身を吹き飛ばされた状態で放置されていた（エリア内は政府軍によって厳重に管理されており、写真撮影は禁じられた）。

食糧保管施設の入り口は複数の政府軍兵士によって警護されていた。WFPの広報官が許可証を示し、我々はセキュリティーチェックを受けることなく国連車両ごとゲートを通過した。

中に入ると、数百メートル四方の敷地内では、数十台の国連車両や運搬トラックが破壊され、残骸となって散らばっていた。エンジンやバッテリーなど、使える部品はすべて持ち去られている。鉄だけではない。食糧の保管庫として使われていたビニール製の大型テントやその土台のコンクリートさえも根こそぎ持ち去られている。

「写真を撮らないで！」

車を降りてザックから一眼レフを出そうとした瞬間、WFPの広報官がおびえた声で我々に叫んだ。広報官の視線の先に瞳を凝らすと、四〇メートルほど先でTシャツ姿の数十人の男たちがバーナーなどで国連車両を解体し、鉄板や部品を運び出そうとしているところだった。Tシャツ姿の男たちの周りにはカラシニコフ自動小銃を構えた十数人

ＷＦＰの食糧保管施設内。解体されエンジンやタイヤなどが略奪された国連機関のトラック（現地助手撮影）

の軍服姿の男たちがおり、彼らは一見、Tシャツ姿の男たちを「警護」しているようにも見えた。

こちらの動きに気づいた兵士らしき男が銃を構えてこちらに近づこうとした瞬間、WFPの広報官は慌てて車に乗り込んで叫んだ。

「早く、乗って！」

私と現地助手のDが慌てて後部座席に乗り込むと、広報官はすかさず後部座席を振り返って怒鳴った。

「写真を撮っていたら、今すぐ消して。見つかると命に関わります。さあ、消して！今すぐに！」

私はDと視線を交わし、仕方なく広報官の指示に従うことにした（私はその時、Dが敷地内に入る際に隠れて周囲の様子を携帯電話のカメラで数枚撮影していることを知っていた。私は彼に携帯電話は隠しておくよう目で合図した）。

幸い、銃を構えた男たちは我々を追ってこなかった。

ところが、食糧保管施設の敷地を出る直前、予期せぬアクシデントに巻き込まれた。食糧保管施設の敷地に入る前、我々は護衛のために連れてきていた民間警備員四人を乗せたピックアップトラックを入り口近くに待機させていた。その四人が何を勘違いしたのか、我々が食糧保管施設の敷地に入っている間、「周辺で略奪行為を行っていた」

という理由で五、六人の一〇代の少年たちを捕らえて縄で縛り上げ、警棒のようなもので殴りつけていたのだ。少年の一人は腕がだらりと垂れ下がっており、すでに肩の骨が折れているように見えた。少年たちは食糧保管施設の奥で略奪行為を行っていた武装集団の仲間や手下に違いなかった。民間警備員たちは上機嫌で「盗人」の拘束をWFPの広報官に報告していたが、彼らは自らの置かれた状況を完全に読み違えていた。

WFPの広報官はすぐさま車を降り、警備員たちに少年たちの釈放を命じた。しかし、時すでに遅く、我々の車はカラシニコフ自動小銃を携えた十数人の軍服姿の男たちに行く手を遮られ、間もなく完全に包囲されてしまった。

「まずいな」といつもは冷静なDが珍しく緊張した声で私に言った。「最悪、銃撃戦になるかもしれない。ユキ（私の呼び名）、防弾チョッキと防弾ヘルメット、持ってるか？」

「いや、置いてきた」と私は喉がカラカラになりながら言った。「だって、今日は略奪された食糧庫を見に来るだけの取材だったろう？」

WFPの広報官は軍服姿の男たちに囲まれ、顔面蒼白《そうはく》になって必死に説明を続けていたが、一向に埒《らち》が明きそうになかった。

「俺が行ってくる」

Dは意を決してそう言うと、国連車両を降りて兵士の集団の方へと進んでいった。地元経済紙で長く政権取材に携わっていたDは、政権内や政府軍中枢に太いパイプを持っている。Dがリーダー格の男と握手を交わし、何回か携帯電話でやり取りをした後、我々はなんとか解放された。

帰り道、WFPの広報官は気が動転したように車内から携帯電話で上司への報告を繰り返していた。誰が略奪していたのか、警備していたのは政府軍兵士ではないのか、私は何度か質問を向けたが、彼はやはりICレコーダーを片手に半ば発狂したように金切り声で叫んだ。

「答えられない、答えられません。今回の取材についてはノーコメント、一切ノーコメントです！」

集団レイプ事件が起きたタレイン・ホテルも略奪が起きたWFPの食糧保管施設も、実は国連派遣部隊の本部が置かれている国連ハウスのすぐ近くに存在している。滞在者や関係者は何度も国連部隊に救助や救援を要請したが、結局国連は動かなかった。

それだけではない。ジュバの中心部で大規模な戦闘が発生した直後、安全な場所を求めて国連施設内に逃げ込んできた多数の市民に対し、一部の国連部隊は自らの身を守るため、門を閉ざしたり、逆に催涙弾を打ち込んだりして、彼らを「戦場」へと送り返している。AP通信によると、国連施設の入り口付近では現地人女性が政府軍兵士二人に襲われて助けを求めて泣き叫んでいたのに、中国とネパールの隊員約三〇人はただ眺めているだけだった。

市民の多くはもはや、国連部隊には信頼を寄せていない。市場で店を開いている飲食店の店員は私の取材に吐き捨てるように言った。

「戦闘が起きても市民を守れないなら、国連部隊がここにいる意味なんてないよ」

店にいた別の客が叫んだ。

「白人の女がレイプされたって？　南スーダン人はたくさん死んだよ。女も子どももたくさん死んだんだ」

現場に足を踏み込んで、初めてわかることがある。

日本で盛んに報じられている「国連平和維持活動」（ＰＫＯ）は、ここでは機能していない。

第3章 付与

布施祐仁

二〇一六年九月一四日、参議院外交防衛委員会で議員バッジを着けずに委員会を終え、岸田文雄外務大臣と顔を見合わせる稲田防衛大臣

「結論ありき」で歪む、南スーダンの現実

南スーダンの治安は、二〇一六年九月に入ってからも悪化の一途をたどっていた。特に、南部のエクアトリア地方のそれは顕著であった。

九月初旬、政府軍はジュバの南西約一五〇キロにあるイエイ周辺で、マシャール派に対して空爆を含む激しい攻撃を行った。イエイ・リバー州の知事は、政府軍の無差別な攻撃に反発し辞意を表明した。

もともとキール大統領は、自身の出身部族であるディンカ族を最大の権力基盤としながら、第三勢力であるエクアトリア人（便宜上、エクアトリア地方の多数の部族をまとめてこう呼ぶ）をとり込むことで権力の安定化を図ってきた。しかし、七月以降の政府軍によるエクアトリア地方での激しいマシャール派掃討作戦は、多くの市民を巻き添えにし、エクアトリア人のキール政権からの離反を招きつつあるようだった。そして、これは南スーダン内戦のさらなる複雑化を意味していた。

九月二三日には、マシャール氏が呼びかけた反政府勢力の会合がスーダンの首都ハルツームで開かれ、「和平協定は崩壊した」として「キール大統領の独裁政権に対し、武力で抵抗する」との声明を発表した。

日本で始まった臨時国会では、このような南スーダンの現実を直視するような議論は、残念ながらほとんどなかった。

九月三〇日の衆議院予算委員会では、民進党の後藤祐一議員が、七月のジュバ争乱時に自衛隊宿営地のすぐ近くで戦闘が起こり宿営地にも流れ弾が飛んできたこと、警戒任務に当たっていた中国軍部隊の装甲車に砲弾が命中して兵士二人が死亡したことなど具体的な事実を挙げて、稲田大臣に「これはもう戦闘行為が起きていると理解してよいか」とただした。

しかし、質疑はまったく噛《か》み合わなかった。

稲田大臣「七月一一日夜、南スーダン政府は敵対行為の停止を命じる旨の大統領令を発出し、これに応え、当時マシャール第一副大統領も元反政府側の兵士に敵対行為の停止の命令をして以降、ジュバの情勢は比較的落ちついているとの報告を受けております。いずれにせよ、引き続き慎重に情勢を見きわめてまいります」

後藤議員「いや、これだけの銃撃戦が起きて、これは戦闘行為が起きているとみなしていいでしょうかという質問なんですが。質問にお答えください」

稲田大臣「もう既に比較的落ちついており、紛争状態にあるとは考えておりません」

後藤議員「今のことを言っているのではなくて、七月七日から始まった、あるいは自衛隊の宿営地、七月一〇日、一一日にもありました、こういった一連の七月上旬に起きた銃撃戦等を含めて、これは戦闘行為があったと見てよろしいでしょうかと聞いております。今のことを聞いているわけではありません」

稲田大臣「七月の事案について言えば、マシャール第一副大統領派は系統立った組織性を有しているとは言えません。また、同派による支配を確立するに至った領域があったとは言えません。衝突があったということでございます」

後藤議員「ということは、戦闘行為でないということですか、これは」

稲田大臣「国同士、国と国に準ずるものとの間の戦争があったということではない、戦闘行為というか、武力紛争があったということではないということです」

後藤議員「武力紛争について聞いておりません。戦闘行為があったかなかったかを聞いております。一々秘書官等に聞くのはやめていただけますか。これは基本的なことです」

稲田大臣「繰り返しになりますが、国と国、または国と国に準ずるものとの間の武力行使ではないので、衝突であり、戦闘行為とは言えないと思います」

後藤議員「これだけの銃撃戦があって、戦闘行為ではないんですか」

結局、どんなにファクトを示しても、日本政府の「戦闘行為」の定義に当てはめると

「これは戦闘ではなく衝突」という結論になってしまうのである。

日本政府の「戦闘行為」の定義は、「国際的な武力紛争の一環として行われる人を殺傷し又は物を破壊する行為」（註：二〇〇二年二月五日に出された「衆議院議員金田誠一君提出『戦争』、『紛争』、『武力の行使』等の違いに関する質問に対する答弁書」）とされている。また、「国際的な武力紛争」とは「国家又は国家に準ずる組織の間において生ずる武力を用いた争い」と定義されている。

稲田大臣は、これらの定義に照らすと、七月のジュバの争乱時も含めて今の南スーダンでは「戦闘」も「武力紛争」も発生していないという。その理由は、政府軍と戦っているマシャール派が系統だった組織性を有しているとはいえず、支配を確立するに至った領域があるともいえないからだと説明している。つまり、日本政府はマシャール派を「国に準ずる組織（国準）」には当たらないとみなしているのである。

しかし、これは相当無理のある解釈だ。

マシャール派の部隊の主力は、二〇一三年一二月の内戦勃発後に政府軍から離反したヌエル族を中心とした兵士たちだ。ヌエル族の多い北東部の上ナイル地方では、師団ごと離反した所もあった。

マシャール派が上ナイル地方にいくつかの支配地域を有し、エチオピア国境に近いパガックという村に総司令部を置く一定の組織性を有する武装集団であることは、現地メディアの報道をフォローしていれば誰にでもわかることであった。

それに、UNMISS（国連南スーダン派遣団）の活動の根拠となっている国連安保理決議でも、南スーダンの状況をはっきりと「武力紛争（armed conflict）」と表記している。それも単なる内戦ではなく、「地域における国際の平和と安全に対する脅威を構成する」と認定している。この決議には、日本政府も安保理の非常任理事国として賛成しているのだ。それでも、南スーダンでは「戦闘」も「武力紛争」も発生していない、などとなぜ言えるのか。

私には日本政府が結論ありきで、南スーダンの現実を歪《ゆが》めて日本の「定義」の中に無理やり押し込めているようにしか思えなかった。

南スーダンで「戦闘」や「武力紛争」が発生していることを認めれば、PKO参加五原則に従って自衛隊を撤収しなければならない。ここで撤収してしまったら、安保関連法に基づく新任務の付与もかなわなくなる。それを避けるために、安倍政権が強引に南スーダンで「戦闘」も「武力紛争」も発生していないことにして臨時国会を乗り切ろうとしていることは容易に想像できた。

政府がそんな「結論ありき」の姿勢では、国会で南スーダンの現実を直視した議論が深まるはずもなかった。

隊員家族への説明マニュアル

私はこの時期、陸上自衛隊が二〇一六年八月に作成したある内部文書を独自に入手していた。

内部文書は、「平和安全法制（家族説明）資料」と題するもので、八月下旬に「駆け付け警護」など新任務の訓練が開始されるのに合わせて全国の部隊に配布された。中身は、Q＆Aとなっている。隊員の家族からこういう質問が寄せられたら、こう答えるように、という応答マニュアルである。

質問は、例えば次のようなものである。

Q　今から「駆け付け警護」等の訓練を開始して、派遣までに十分な訓練ができるのか？

Q　治安情勢が悪化している中で、自衛隊自身が「駆け付け警護」を行えば、自衛隊自身が紛争当事者になってしまったり、武力紛争に巻き込まれることになるのではないか？

Q　任務が増えることにより、危険に晒される機会が増大するのではないか？

Q 地域防護部隊が新たに派遣されるということは、危険が増大したということではないのか？

どれも、もっともな質問で、自分が南スーダンに派遣される隊員の家族だったら、当然こういうことを聞きたくなるだろう。

一方、これに対して陸上自衛隊が用意した「回答」は、とにかく安全ばかり強調する内容が目立っていた。

任務が増えて危険が増大するのではないかとの質問に対しては、「訓練を十分に行い、安全を確保しつつ対応できる範囲内で実施することになるため、危険に晒される機会が増大するというものではない」と否定している。

地域防護部隊の派遣が必要なくらい、現地の状況は危険が増しているのではないかとの質問には、「危険が増大しているということではない。地域防護部隊がジュバ周辺で活動することで、従来より安全を確保した上で活動することが可能になると考えている」と、こちらも危険の増大を否定している。

自衛隊が「駆け付け警護」を行えば、武力紛争に巻き込まれるのではとの質問には、「駆け付け警護の実施には、南スーダン共和国の同意が活動期間を通じて維持されることが必要であり、その状況においては、武力紛争に巻き込まれることは無いと認識して更Ｑ９：　治安情勢が悪化している中で、自衛隊自身が「駆け付け警護」を行えば、自衛隊自身が紛争当事者になってしまったり、武力紛争に巻き込まれることになるのではないか　？

（応答要領）

○　駆け付け警護の実施に当たっては、自衛隊の活動及び我が国が行う業務に対する南スーダン共和国の同意が活動期間を通じて維持されることが必要であり、紛争当事者となることは無いと認識しています。

○　また、南スーダン共和国が国連ＰＫＯの活動に同意し、受け入れている状況においては、武力紛争に巻き込まれることも無いと認識しています。

（運用・企画）
（防衛・防衛）

更Ｑ１０：　「駆け付け警護」については、危害許容要件が正当防衛・緊急避難に該当する場合に限られているが、それで任務を十分に遂行できるのか　？

（応答要領）

○　駆け付け警護においては、従前からの自己等（自己、他の自衛官及び自己の管理下に入ったもの。）を防護するための武器使用に加え、活動関係者の生命及び身体の保護のための武器使用、いわゆる「任務遂行型の武器使用」が可能となり、安全かつ十全に任務の遂行が可能と考えています。

（運用・企画）
（運用・運２）
（防衛・防衛）

更更Ｑ：　「任務遂行型の武器使用」が可能になるということは隊員の危険が増大するのではないのか　？

（応答要領）

○　いわゆる「任務遂行型の武器使用」とは、駆け付け警護においては、活動関係者の生命及び身体を保護するため、妨害を排除し、他に手段が無い場合に武器を使用することが可能となることであり、従前よりも安全に任務を遂行することが可能となり、危険が増大するものではありません。

（必要に応じ）

○　従前から、自己等を防護するための武器使用が可能であり、加えて「任務遂行型の武器使用」が可能となったことで、十分に安全を確保した上で任務を遂行することが可能と考えています。

（運用・企画）
（運用・運２）
（防衛・防衛）

更更更Ｑ：　任務が増えることにより、危険に晒される危険が機会が増大するのではないか　？

（応答要領）

○　「駆け付け警護」は、訓練を十分に行い、安全を確保しつつ対応できる範囲内で実施することになるため、危険に晒される機会が増大するというものではありません。

（運用・企画）
（運用・運２）
（防衛・防衛）

二〇一六年八月に全国の陸上自衛隊部隊に配布された「平和安全法制（家族説明）資料」。隊員の家族からの質問への応答マニュアルが記載されている。

いる」と回答している。

しかし現実は、南スーダン政府がUNMISSを受け入れていても、政府軍によるUNMISS要員に対するハラスメント（妨害行為）や敵対行為はたびたび発生していた。

国連安保理南スーダン制裁委員会の専門家パネルが九月一九日に安保理に提出した報告書も、キール大統領や政府高官が国連への敵意を強めており、政府軍がPKO要員の移動や活動を妨害した事例もあったと指摘していた。

このように、たとえ南スーダン政府がPKOの受け入れに同意していても、政府軍がPKO要員に対して敵対的な行動をとる可能性を否定できないのが、この国の現実であった。「駆け付け警護」の要請があって自衛隊が現場に駆け付けてみれば、あるいは「宿営地の共同防護」を実施しなければならないような状況になったら、対峙《たいじ》する相手は政府軍ということも十分にあり得る。自衛隊が政府軍と一戦交えれば、日本独特の「定義」に当てはめても、自衛隊が「武力紛争の当事者」となる。

この家族説明用の応答マニュアルは、南スーダンの現実からあまりにもかけ離れている。これを読んだある中堅の幹部自衛官は「とにかく『安全です、安全です』と言うだけで、その場しのぎにしか聞こえない。みんなが知りたいのは、本当のリスク。このような回答では家族も納得できないだろう」と不信をあらわにした。

「日報」の存在を発見

政府軍のＰＫＯ要員に対するハラスメントについては、私が情報公開請求によって入手した第五次派遣施設隊の「成果報告」と題する文書にも、次のような記述があった。

ＵＮや外交官に対するハラスメントについては、ＳＰＬＡが経験豊富な兵士をジュバから戦闘地域に転用しているため、ジュバに所在するＳＰＬＡの兵士は若年兵士が大半（一五～一六歳の兵士も存在）であり、規律等が十分ではなく、必ずしも十分な指揮統制が実施されていないことが一要因として挙げられる。

政府軍兵士の統制や規律が十分ではないことは、自衛隊も認めているのである。しかも、その要因の一つとして、ジュバにいる兵士の大半が若く、中には一五、一六歳の少年兵もいることを挙げている。ということは、自衛隊が「駆け付け警護」や「宿営地の共同防護」の任務で戦闘になった場合、一戦交える相手がこのような少年兵になるかもしれない。

実際、ユニセフ（国連児童基金）は、この内戦で一万五〇〇〇～一万六〇〇〇人の子どもが政府軍やマシャール派をはじめとする反政府勢力に兵士として動員されているとの推計を発表していた。

子どもの権利条約の「武力紛争における児童の関与に関する児童の権利条約選択議定書」（二〇〇〇年に国連総会で採択され二〇〇二年に発効）は、一八歳未満の子どもを強制徴集したり、戦闘に参加させることを禁じている。

しかし、現実に武装した少年兵がたくさんいて自分たちを攻撃してきたら、自衛隊も応戦せざるを得ないだろう。

ある二〇代の陸上自衛隊員の母親は、もし南スーダンに派遣されて少年兵が攻撃してきたら、自分の身を守るために引き金を引けるかと息子に尋ねたという。

息子はしばらく考えた後、こう答えた。

「多分、撃てないと思う。子どもを撃つくらいなら、撃たれる方を選ぶかもしれない」

これを聞いて、息子には絶対に南スーダンには行ってほしくないと思ったという。まさに、撃っても地獄、撃たれても地獄の状況である。たとえ正当防衛であっても、子どもを撃ち殺してしまったら一生心に傷が残る。そんなところに行かせたくないというのは、母親として当然の気持ちだと思う。

ちょうどこの頃、私は情報公開請求によって入手していた陸上自衛隊の教育資料の中に興味深い一枚を見つけた。

教育資料は、海外派遣の教育訓練を専門に行っている国際活動教育隊（静岡県御殿場市）が二〇一五年に作成した「国際活動等の教訓と反映」と題するもので、この中に「国際活動教育隊の教訓業務の流れ」というタイトルの一枚があった。

国際活動教育隊は、これから海外派遣される予定の隊員に対する教育訓練も実施する。そのメニューを考える上で、実際の現地での活動から教訓を集め、それを反映させることを重視している。

この文書には、教訓を反映した結果として、「文民保護（傷病者対応）」や「ハラスメント（SPLA対応）」などの訓練を実施していることが記されている。避難民の傷病者への対応も、SPLA（政府軍）のハラスメントも、実際に南スーダンPKOの中で自衛隊が直面してきたことであった。

日本政府がいくら、南スーダン政府がPKOの受け入れに同意している限り政府軍がPKO部隊に敵対行為をとることはないといっても、現場では実際に起こっており、自衛隊はそれに備えた訓練を行っているのだ。

私がもう一つ注目したのは、「主要教訓資料源」として以下のものを列挙していることだった。

・PKO等教訓レポート
・派遣部隊の日報等
・教訓聞き取り／アンケート（帰国後の隊員対象）
・派遣準備訓練アンケート等（派遣前の隊員対象）

「教訓レポート」は、活動の教訓を収集するスタッフが作成するレポートのことで、私もその存在は知っていた。だが、二番目の「派遣部隊の日報」は知らなかった。「日報」とは、普通に考えれば、日々の活動報告のことだろう。やはり、そういう文書があるのだ。しかも、「主要教訓資料源」とされているからには、それなりに詳しい情報が記されていると推察される。

それにしても、派遣部隊が「日報」という文書を作成していながら、七月一六日に行った開示請求ではなぜ特定されなかったのだろう。私は「派遣部隊と中央即応集団司令部との間でやり取りした文書すべて」を請求したのだ。派遣部隊を直接指揮している中央即応集団司令部が「日報」を持っていないということは考えにくい。

不審に思いながら、もう一度開示請求してみることにした。

そして、九月三〇日付で「南スーダン派遣施設隊が現地時間で二〇一六年七月七日か

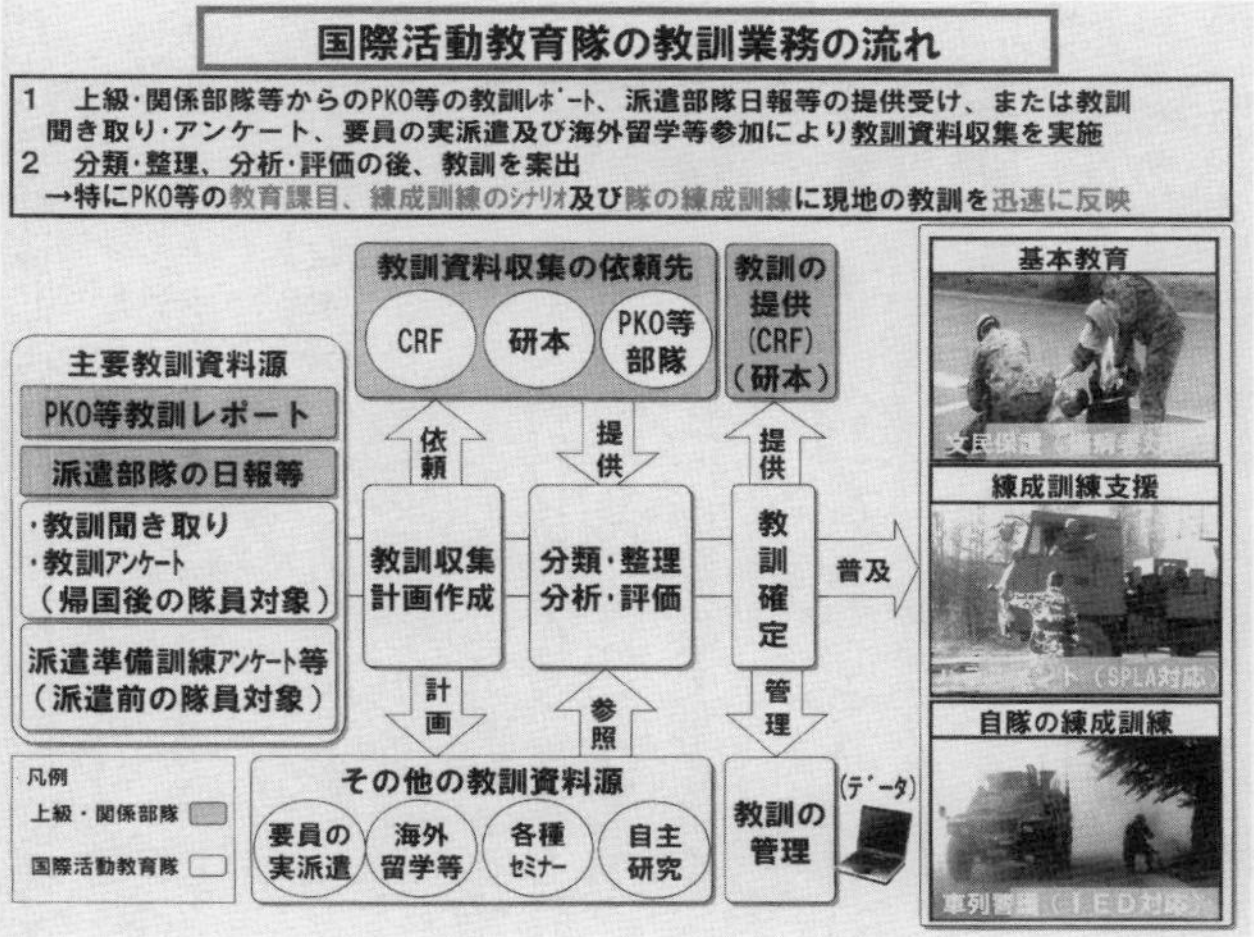

陸上自衛隊の教育資料に記載された「派遣部隊の日報等」の文字で、筆者(布施)は日報の存在を知ることとなる。

ら一二日までに作成した日報」と、今度はピンポイントで文書を指定して開示請求した。

衝突、いわば勢力と勢力のぶつかり合い

国会では相変わらず噛み合わない議論が続いていたが、政府が「新任務付与ありき」で事を進めようとしていることは明らかであった。

稲田大臣は二〇一六年一〇月八日、自衛隊が活動するジュバを初めて視察した。

報道によれば、稲田大臣の現地滞在時間は約七時間。自衛隊宿営地や活動現場の視察のほか、南スーダン政府高官やUNMISSトップのロイ事務総長特別代表との会談を慌ただしくこなした。そして、視察後、記者団にこう語ったという。

「(ジュバ市内は)落ちついていると目で見ることができた。意義があった」

わずか七時間の滞在で、一体何がわかるのか……。ジュバからマシャール派が追放されて以来、市内の治安が比較的落ちついているのはわかりきった話だ。問題は、七月以降、ジュバ郊外も含めて南部のエクアトリア地方で戦闘が日に日に拡大していることであった。ジュバ市内が平穏でも、その周辺の治安が悪化すれば、それがジュバに波及す

るリスクも当然高くなる。ジュバ市内だけを視察して「落ちついていました」と言うことに、ほとんど意味はなかった。

しかも、皮肉なことに、稲田大臣がジュバを視察したその日に、ジュバとイエイを結ぶ中央エクアトリア州の幹線道路で、民間人を乗せたトラックが襲撃を受け、女性や子どもを含む市民二一人が殺害される事件が発生していた。

現地メディアの報道によれば、銃を持った複数の覆面の男たちは乗客にディンカ族かどうかを確認した上で殺害していったと、生存者の一人が証言したという。この事件について、政府軍の報道官は、マシャール派の犯行だとして「彼らは市民を殺戮《さつりく》するテロリストだ」と強く非難した。

稲田大臣がジュバ視察から帰国した直後の国会は荒れた。一〇月一一日の参議院予算委員会。斬り込んだのは、民進党の大野元裕《もとひろ》参議院議員だ。大野議員は、まず「南スーダンをご覧になって、駆け付け警護の任務を付与するのか」と質問した。

これに対して、稲田大臣は「ジュバの中の状況は落ちついていると認識したが、七月には衝突事案もあったので緊張感を持って検討し政府全体で判断をしていきたい」と答えた。

この答弁に大野議員が「戦闘ではなく、衝突があったという認識でよいのか」と確認すると、稲田大臣は「法的な意味における戦闘行為ではないと認識している」と従来の答弁を繰り返す。

これを受けて、大野議員は「衝突」と「戦闘」の定義を稲田大臣に問いただした。するとなんと質問されていない安倍首相が手を挙げ、答弁した。寵愛《ちょうあい》する稲田大臣に「助け舟」を出したつもりだったのだろうが、ここで〝珍答弁〟が飛び出す。

「武器を使って殺傷あるいは物を破壊する行為はあったと、このように申し上げているわけでありますから、大野さんの解釈としてそれが戦闘ということであればそれは戦闘というふうに捉えて、捉えられるということだろうと思いますが、我々は、衝突、言わば勢力と勢力がぶつかったという表現を使っているところでございます」

このやり取りを夜のテレビニュースで見て、めまいがした。武器を使って人間を殺傷したり物を破壊する行為はあったが、それは「戦闘」ではなく、「勢力と勢力がぶつかった」ということらしい……。「言葉遊び」、ここに極まれりである。

安倍首相の〝珍答弁〟は、翌日の衆議院予算委員会でも飛び出す。共産党の高橋千鶴子《ちづこ》衆議院議員が、新任務付与に伴う自衛官のリスクについて質問した。

高橋議員は、ジュバとイエイを結ぶ幹線道路で起こりディンカ族の市民二一人が殺害された襲撃事件を取り上げ、このような状況の中で自衛隊に新任務を付与すれば隊員のリスクは高まるだろう、それを認めるべきだと首相にただした。

これに対して、安倍首相はこう言い放った。

「もちろん南スーダンは、例えば我々が今いるこの永田町と比べればはるかに危険な場所であって、危険な場所であるからこそ、自衛隊が任務を負って、武器も携行して現地でPKO活動を行っているところでございます」

これには、高橋議員も「今の、永田町と比べればという発言は断じて許せない。そんな問題じゃない。今も三五〇名もの隊員が現地にいる。そのこと自体が大変なリスクなのに、それを、PKO参加原則は維持されている、落ちついている、だから派遣できると言っている。おかしいじゃないですか」と語気を強めて抗議した。

隊員の命に関わる議論をしているのに、なぜここで「永田町と比べればはるかに危険」などといった軽薄な言葉が出てくるのか。二五万人の自衛隊員は、最高指揮官である首相の命令一つで命がけの任務に就くのである。その責任の重さを自覚していたら、こんな言葉が出てくるはずがなかった。

国連による和平合意崩壊認定

日本の国会で言葉遊びのような議論が繰り返されていた最中の二〇一六年一一月一日、国連の独立調査委員会が、七月のジュバ争乱時のＵＮＭＩＳＳの対応に関する報告書を公表する。

報告書を受け取った国連の潘基文《パンギムン》事務総長は、「ＵＮＭＩＳＳが文民保護に失敗した」として、軍事部門司令官を務めるケニア軍のオンディエキ中将をただちに更迭した。

報告書は、「（七月の）危機の間、政府軍と反政府勢力は無差別に発砲し、国連施設やＰＯＣ（文民保護）サイトを襲い、文民を攻撃し、ＰＯＣサイト内の国内避難民に二〇人以上の死亡者と多くの負傷者が出た」と報告。「**キール大統領とマシャール第一副大統領の脆弱な和平合意を崩壊させた**」とも断定していた。

七月のジュバ争乱では、政府軍の兵士たちが外国の人道支援関係者らが拠点とするホテルを襲撃し、暴行、略奪、レイプなどの犯行に及ぶという信じがたい事件が起きていた。しかも、人道支援関係者らから救助要請を受けたＵＮＭＩＳＳ司令部がＰＫＯの歩兵部隊に出動を命じたにもかかわらず、どこの部隊も救助に向かわなかったのだ。

国連事務総長がＵＮＭＩＳＳの軍事部門司令官をただちに更迭したことは、「次に同様の事態が起こった時には文民保護のために躊躇せずに出動せよ」というPKOに部隊を派遣している各国に対しての強いメッセージを意味していた。当然、このメッセージは日本にも向けられていた。

しかし、七月の戦闘の際、中国軍もネパール軍もエチオピア軍も出動しなかったのは、出て行けば南スーダン政府軍と交戦になる可能性が高かったからだ。

あくまで「平和維持活動」を建前としているPKOは原則として軽装備だ。例えば、中国軍は二〇ミリ機関砲を搭載した歩兵戦闘車を持っているが、戦車や戦闘ヘリなど重装備の政府軍が相手では、不利である。

文民保護の責任を果たさなかったとしてオンディエキ中将が軍事部門司令官を解任されたケニア政府が、「国連がUNMISSへ必要な人員と装備を割当てなかった責任を転嫁したものだ」として強く反発したのにも一理あるのだ。

だが、国連は、それでも「出動せよ」と言っているのである。そして、このタイミングで日本政府は自衛隊に「駆け付け警護」の新任務を付与しようとしている。軽装甲機動車しかない自衛隊に、だ。自衛隊の軽装甲機動車は、小銃弾は防げても、戦車砲は無論、反政府勢力も保有しているRPG（註：携行型対戦車ロケット弾）で撃たれたらひとたまりもない。

そもそも、南スーダン政府の受け入れ同意を前提にしているPKOで、政府軍と交戦してでも文民保護をやれということが、どこまで現実的なのか。

実際、南スーダンで緊急支援を行うために九月にジュバを訪れていたNGO日本国際ボランティアセンターの今井高樹《たかき》氏も、「南スーダン政府軍がPKOに敵対的な行動をとるなかでは、自衛隊に限らずPKO部隊にできることはほとんどないというのが現地の援助関係者の全般的な認識になっている」と話していた。

比較的装備の整った各国の歩兵部隊にもできないことを、はるかに軽装備の自衛隊の施設部隊にできるはずがない。なぜ日本政府は、できないことのために、こんなに前のめりになっているのか。疑問は増すばかりであった。

ジェノサイドの予兆

二〇一六年一一月一一日、南スーダンを訪れた国連のジェノサイド予防担当事務総長特別顧問を務めるアダマ・ディエン氏は、国際社会がただちに防止策を講じなければ、同国の内戦がジェノサイド（大量虐殺）にエスカレートする危険性があると警告した。

私が最も衝撃を受けたディエン氏の言葉は、「ルワンダを思い起こさせる」という一言であった。

ルワンダ大虐殺――。

一九九四年に、ルワンダの多数派フツ族の過激派が少数派ツチ族やフツ族穏健派の人々約八〇万人を虐殺した事件だ。

かつてルワンダ大虐殺を裁く国際刑事法廷で書記官を務めたディエン氏は、ルワンダ大虐殺との共通点として、民族間の対立を煽るようなヘイトスピーチや、ナタなどで市民が殺し合う状況があると指摘した。

ディエン氏がジュバで会見を行った直後の一一月一六日、国連安保理に提出された南スーダン情勢に関する国連事務総長報告も、ジェノサイドの危険性に言及した。

潘事務総長は「南スーダンの状況の急激な悪化、同国がカオスに陥るという極めて現実的な見通しについて、安保理も強く懸念すべき。南スーダンは、まさに『奈落の縁(on the edge of the abyss)』にあるというのが現実である」とし、「敵対行為の即時停止と停戦の完全実施に無条件で立ち戻ることが、大惨事を回避するための唯一の方法」だと強調した。

さらに事務総長は、UNMISSのパトロールや人道支援活動への妨害や国連職員の入国拒否など、南スーダン政府による「目に余るアクセス制限」に懸念を表明。南スーダン政府にこうした障害をただちに除去することを求めるとともに、安保理に対しても、武器禁輸の発動を含む適切な措置を至急検討するよう要請した。

南スーダンに関する国連および国際社会の関心は、七月の大規模戦闘で崩壊した和平合意を一刻も早く修復し、ジェノサイドをいかに防ぐかというフェーズに完全に入りつつあった。

そんな中、日本政府は一一月一五日、南スーダンPKOに参加する陸上自衛隊に安保関連法に基づく「駆け付け警護」の任務を新たに付与する閣議決定を行った。

この日の国会審議でも安倍首相は、「ジュバは比較的落ちついている」「PKO法上の武力紛争が発生したとは考えていない」というこれまでと同じ答弁を繰り返した。

そして、南スーダンの治安状況を「カオスに陥るという極めて現実的な見通し」と評価した国連事務総長報告の内容についても言及した。

「実際にカオスであれば我々は（自衛隊撤収を）考えなければいけない」とした上で、国連にその真意を照会したところ「当該部分の表現は、安保理が行動を取らなければ状況が深刻になるという趣旨であり、現在の南スーダンの状況がカオスであるという趣旨ではない旨、及び治安情勢の悪化が起きているのはジュバ以外、特に西部及び北部であり、ジュバは比較的安定している、ただし引き続き情勢を注視する必要がある旨の回答を得ている」と説明したのだ。

私は、この安倍首相の答弁に強い違和感を持った。

首相は、国連に事務総長報告について照会し、南スーダンで治安が悪化しているのはジュバ以外、特に西部及び北部であり、ジュバは比較的安定しているとの回答を得たと説明している。つまり、日本政府の説明が国連の認識と何ら矛盾していないことが裏付けられたと言っているのである。

しかし、事務総長報告は「治安情勢の悪化が最も顕著なのは中央エクアトリア州」「政府軍はエクアトリア地方で武装したIO（反政府）勢力と戦闘」などと明記し、南部の治安悪化を強調している。ジュバの治安情勢についても、「ジュバおよびその近郊において流動的な状況が継続している」と書いている。どこをどう読んでも、「治安が悪化しているのは特に西部と北部で、ジュバは比較的安定している」などとは書かれていない。

日本政府は、新任務の付与を正当化するために、国連の報告さえもねじ曲げようとしているように見えた。

朝日新聞の単独インタビューに
応じるマシャール前副大統領

三浦英之

第4章
会見

深夜零時、南アフリカの最大都市ヨハネスブルクにある自宅の寝室で、充電中のスマートフォンが突然鳴った。私は寝付きにウイスキーをあおりながらベッドでうとうとしていたところだった。耳に当てると、癖のあるアフリカ英語が男の声で流れてきた。

「ドクターとの面会を許可する。明日一日、時間を空けておいてほしい」

「ドクター？」と私は眠気の中で復唱した。「マシャール前副大統領のことですか？」

「そうだ」と男は言った。「ドクターが明日、ヨハネスブルクであなたに会うと言っている。時間と場所は決まり次第伝える」

男はそれだけ言うと、一方的に電話を切った。私はベッドの上で身を起こし、すぐさま東京にある所属新聞社の編集局に電話を入れた。

「アフリカ時間の明日、南スーダンの内戦で反政府勢力を率いて戦っているマシャール前副大統領に面会できるかもしれません。単独会見ならスクープ。他社と同着でも、大規模戦闘後、初の肉声なので大きく行けます——」

南スーダンの内戦における最大の「重要人物」であるマシャール前副大統領との会見

は、私にとっては二回目だった。一度目は二〇一五年六月。場所は南スーダン国内ではなく、やはり私が取材拠点を置く南アフリカのヨハネスブルクだった。

ドクター・リエック・マシャール。

その複雑怪奇な男の実態は、現在はアフリカ研究者として活躍する元毎日新聞アフリカ特派員の白戸《しらと》圭一氏が寄稿したフォーサイト（電子版）のレポートが詳しかった。

白戸氏のレポートによると、若き日のマシャール前副大統領はイギリスで博士号を取得後、南スーダン独立の原動力となったスーダン南部の武装勢力「スーダン人民解放軍」（SPLA＝現在の南スーダン政府軍）に加わった。一度は政治・軍事最高司令部のメンバー補として組織の中枢に迎えられたものの、一九九一年にはSPLAの当時の最高指導者に反発して分派を結成。一九九七年、SPLAを無視してスーダン政府と和平協定を結ぶと、新たに「南スーダン防衛軍」を設立して、スーダン政府と共に古巣であるSPLAへの攻撃を開始する。

ところが、二〇〇〇年になると、今度は「スーダン人民防衛軍」を立ち上げて、再びスーダン政府に刃《やいば》を向ける。そして、二〇〇二年、再び古巣のSPLAへと戻り、二〇一一年にようやく南スーダンが独立を果たすと、念願の副大統領に就任するのだ。

南スーダンに絶えず混乱を生み出し続ける男――。私は二〇一四年九月にアフリカに着任して以来、彼との接触をずっと探り続けてきていた。

最初のチャンスは二〇一五年五月、ある日本の大学研究者から寄せられた一通のメールによってもたらされた。エチオピアで建築遺産の保護などを行っている研究者が現地で南スーダン政府高官を名乗る人物と面会し、日本のメディアを紹介してほしいと頼まれて、私にその依頼を取り次いできたのである。

私はすぐさまその政府高官とされる人物とメールで連絡を取り合った。彼は自らを南スーダン政府の高官ではなく、「元」高官であると訂正し、現在はマシャール前副大統領の側近として活動していると自己紹介した。その上で、私を前副大統領が潜伏している、南スーダン北東部にある反政府勢力の支配地域に招待し、前副大統領との単独会見を実現させる用意がある、と伝えてきたのだ。

内戦中の南スーダンで反政府勢力の支配エリアに潜入できるだけでなく、念願のマシャール前副大統領と単独会見ができるといった先方からの誘いは、私にとってはかなり魅力的な提案だったが、いくつかの乗り越えなければならないハードルがあった。

最初の問題はビザだった。マシャール前副大統領の居住地は反政府勢力の支配下にあるため、対立関係にある南スーダン政府発行のビザは必要ない。問題は隣国エチオピア側のビザだった。マシャール前副大統領が潜伏している南スーダン北東部はエチオピア国境に隣接しているため、現地に入るためにはまずエチオピアの首都アディスアベバから西部の拠点都市ガンベラまで飛行機で飛び、そこから車でエチオピア国境を越えるというのが想定されるルートだったが、厳しい言論統制を敷いているエチオピア政府は当時、ジャーナリストに複数回入国可能なマルチプルビザを発給していなかった。つまり、入手可能な観光用のシングルビザを使ってエチオピアから南スーダン北東部に入ることはできても、マルチプルビザがなければ、北東部からエチオピア側には戻れない。結果的に南スーダンから脱出できなくなってしまうのだ。

私は約二週間かけてエチオピア大使館の領事を説得し、なんとか当該国境を一度だけ行き来できるレターを発行してもらうことで出入国については道筋をつけた。ところが、現地入りを検討するために具体的な調査を始めようとした矢先、新たなトラブルが持ち上がった。

側近を名乗る人物が多額の「賄賂」を要求してきたのである。彼はこれまでの調整にかかった「経費」として、五〇〇〇ドルの現金を指定の口座に送金してほしい、と電話で私に要求してきた。私は即答を避け、回答を一時的に留保することにした。汚職や賄賂が横行しているアフリカにおいて、これらの要求は決して珍しいことではない。海外メディア、特に米国のテレビが著名人のインタビューに多額の謝礼を支払うことはよく知られており、五〇〇〇ドルといった金額もマシャール前副大統領のニュース性と当時の南スーダンの情勢を鑑みれば、決して高い金額とは言い切れなかった。一連のアレンジを彼らが「ビジネス」と考えているのであれば、なぜ彼が日本の研究者を通じて日本のメディアにアクセスしてきたのか、という点についても納得がいく。

だが、私は自分なりに検討した結果、その時は支配地域入りを見送ることにした。

脳裏にあったのはやはり、数か月前にシリアで起きた出来事——イスラム国（ＩＳ）による日本人ジャーナリスト人質事件だった。ＩＳの支配地域に潜入したフリージャーナリストが現地で拘束され、身代金を要求されたあげくにインターネット上で公開処刑されるという日本の国際事件史上最悪の出来事を、私は日本政府の現地対策本部が設置されたヨルダンに出張してリアルタイムで取材していた。ヨルダンでは、殺害された後藤健二さんや湯川遥菜《はるな》さんはシリアに入国する前からすでに現地の取材コーディネーターによってイスラム国側に売られていたのではないか、という推測を何度も耳にした。それが事実かどうかはわからなかったが、私はその時、危険地取材におけるある種の不文律を胸に刻んだ。

少しでも胸のざわめきを感じたら、利益を放棄し勇気を持って退く——。

丸腰で現地に飛び込まざるを得ないジャーナリストにとって、最大の武器はペンでもカメラでも勇気でもなく、危険を察知する自らの「恐怖心」であるはずだった。少しでも身の危険を感じたら前進しない、勇気を持って——それはとても勇気のいる行為だ——現場から撤退する。自分の身を守ってくれるのは、最後は自らの五感でしかないのだ。

反政府勢力の支配地域への潜入やマシャール前副大統領への単独会見は、成功すれば大きなスクープにつながる魅力的なテーマだったが、私は時を焦らずに次の機会を待つことにした。

ところがその翌月、「次の機会」は思わぬ形で向こう側から飛び込んできた。潜伏中のマシャール前副大統領が体調を崩して南アフリカで治療を受けることになり、急遽、私が暮らしているアパートのすぐ隣にある私立総合病院に転がり込んできたのである。私が無理を承知で「治療の合間にインタビューをさせていただけないだろうか」とかつて連絡を取り合った側近にお願いしてみると、マシャール前副大統領自ら当時宿泊していたヨハネスブルク市内の高級ホテルでの面会を特別に認めてくれたのである。

面会場所として指定された高級ホテルも、私のアパートから車で数分の所にあった。水着姿の若い白人女性たちが戯れる巨大なプールサイドのカフェで待っていると、サングラスをかけた屈強な男二人が目の前に現れ、同じフロアに開設されているホテル内のレストランへと案内された。

マシャール前副大統領とみられる人物は、ダークスーツに身を包んだ十数人に囲まれるようにして壁側の一番奥のソファに腰掛けていた。肌の色の黒さからその全員が南スーダン人であることがわかる。ダークスーツの男たちは全員が立ったまま、五、六人がレストランの店内を、三、四人が上から、ソファに座った私と助手を監視していた。

私が「前副大統領とみられる人物」と書いたのは、彼が屋内であるにもかかわらず濃黒のサングラスをかけていたため、人物の特定が難しかったからである。

私は最初に会見の機会を与えてくれたことへの簡単な謝辞を述べた後、インタビューに先立って顔写真の撮影をさせていただけないかと申し出た。要人のインタビューでは顔写真の掲載が不可欠だったし、何よりもまず、私は目の前の人物が本当にマシャール前副大統領なのかどうかを確かめたかった。

「前副大統領とみられる人物」は小さく頷《うなず》き、サングラスを外してその場で立ち上がった。身長約一八五センチ。鋭い二つの眼光が上から私をにらみつけていた。

間違いない、マシャール前副大統領だ。

当初、私は反政府勢力を率いて政府軍と戦うマシャール前副大統領について、映画「ゴッドファーザー」に登場するマフィアの親玉のような人物を想像していた。しかし、実際にインタビューをしてみると、マシャール前副大統領は質問の意図を非常に細かく分析し、言葉を選んで戦略的な発言をする、どこかロシアのプーチン大統領を思わせるような人物だった。

例えば、私が「キール大統領はあなたを反逆者だと発言しているようですが――」といささか挑発的な質問を繰り出そうとすると、彼は私の質問を途中で遮り、「それはあくまでも、南スーダンからの『報道』によると、というお話ですね。あなたはこの大陸における『報道』というものを果たして信じているのでしょうか？　私は信じておりません。それらのほとんどが政府やメディアによって作られたデタラメです」などと機先を制し、質問者に言質《げんち》を取らせないのである。

約三〇分にわたって実施されたインタビューは、そのほとんどが「頭脳戦」だった。その複雑な言葉のやりとりの中でマシャール前副大統領が重点的に訴えたことは、キール大統領が四年という大統領の任期を過ぎようとしているのに、選挙を実施せずに勝手に三年間延長してしまったということであり、「これは明確に憲法違反だ。国際社会はキール氏に対して即時の辞任を求めるべきだ」という極めて理路整然としたものだった。

この時（二〇一五年六月）のインタビューは、私としては反政府勢力のトップに日本のメディアが単独会見したという意味で画期的なものであるように思われたが、南スーダン情勢が比較的落ちついていた時期であったことや、マシャール前副大統領からニュース性の高い発言を引き出せていないという東京の編集局の判断により、国際面の一角にインタビュー記事が掲載されただけという不本意な結果に終わってしまった。

しかし、今回は違う。

二〇一六年七月に大規模戦闘が勃発して首都ジュバを追われた後、マシャール前副大統領はほとんどメディアに露出しておらず、その所在を含めた挙動の多くが謎に包まれていた。大規模戦闘後に深刻な内戦に陥った南スーダンでは数百万人もの市民が難民となって国外に逃げ出しており、安倍政権が安保法制に基づく新任務「駆け付け警護」を陸上自衛隊に付与する方針を固めつつあったことも加わって、日本でも南スーダン情勢の行方が国民的な関心になりつつあった。

私は七月に南スーダンで大規模戦闘が勃発した直後から、最初のインタビューの時に名刺を交わしたマシャール前副大統領の側近や広報担当者に向けて何度も取材依頼のメールを送り続けていた。そしてその夜、突然先方から「マシャール前副大統領が取材に応じる」と連絡してきたのである。

午前中、私はいつでも飛び出せるよう、着慣れないスーツを着込んで、万全の態勢で連絡を待った。

スマートフォンの着信音が鳴ったのは午後二時過ぎだった。

「少しスケジュールを変更できないか」と広報担当の男は言った。「先に取材を受けなければならないメディアができた」

「どこですか？」

「最初にＳＡＢＣ（南アフリカ放送協会）に行く。そこでＢＢＣ（英国放送協会）やＡＰ通信の取材を受ける。その後にあなたやドイツの通信社の記者と面会する」

厄介なことになったな、と私は思った。ＳＡＢＣの本社内には、二〇一四年秋に南アフリカに支局を開設したばかりのＮＨＫ（日本放送協会）が放送拠点を置いている。そこで地元国営放送や海外通信社がマシャール前副大統領のインタビューを行うとなれば、その情報はＮＨＫにも流れかねない。

私はすぐさまＳＡＢＣのスタジオにヨハネスブルク支局の取材助手Ｍを派遣した。Ｍは最初のマシャール前副大統領とのインタビューにも同席しており、前副大統領はもちろん、彼の側近や広報担当者についても顔を知っている。Ｍには前副大統領の収録が終わり次第、単独会見をセッティングしてもらうか、時間的にそれが無理なようであれば、私と直接電話をつないで電話インタビューを実施させてもらえるよう、全力で動いてもらうことにした。

午後七時過ぎ、収録がだいぶ押したこともあり、マシャール前副大統領との会見は電話インタビューになった。

スマートフォン越しに聞こえてくるマシャール前副大統領の肉声は、前回会見時とはまるで別人のようだった。インタビューには必要以上に時間を要した。電話ではただでさえ聞き取りにくい彼のアフリカ英語が、時々声を荒らげたり、不必要に語気を強めたりするために、何度も発言内容を確認せざるを得なくなる。あるいは彼は何かに焦っているのかもしれなかった。感情的な言葉でキール大統領を罵ったかと思うと、私が尋ねてもいないのに、国際社会の不作為を何度も執拗《しつよう》に責め立て続けた。

「もう南スーダンにおける和平合意は完全に崩壊してしまっている」とマシャール前副大統領は電話越しに言い捨てた。

私はその一言を引き出したところで会見を終了し、東京の編集局で待つデスクのもとに原稿を送った。

日本政府は当時、南スーダンにおける和平合意は維持されており、「PKO参加五原則は崩れていない」との見解を堅持していた。紛争の一方の当事者である反政府勢力のトップが「和平合意は崩壊している」とする発言は、日本政府の認識を根本から覆す破壊力を秘めている。

急いで書き送った原稿はその日の夕刊一面のトップに大きく掲載された。

《南スーダン「和平合意は崩壊」／反政府勢力トップが見解／陸自派遣先　情勢に影響も》

南スーダンで政府軍と戦闘を続ける反政府勢力のトップ、マシャル前副大統領が二〇日夜、南アフリカで朝日新聞の電話取材に応じ、「七月に起きた戦闘で、和平合意と統一政権は崩壊したと考えている」と語った。和平合意の当事者だった反政府勢力のトップが和平合意や統一政権の継続を否定し、南スーダン情勢の先行きが見通せないことが浮き彫りとなった。（「朝日新聞」二〇一六年一〇月二一日夕刊）

パソコンの画面上でゲラ刷りを確認した後、私は再びマシャール前副大統領の側近に連絡を取り、彼の宿泊先での単独会見をねじ込んでもらった。

マシャール前副大統領の宿泊先はヨハネスブルクから車で三〇分ほど行った郊外にあるうらぶれたロッジだった。前回インタビューを実施した高級ホテルが最低一泊三〇〇ドルはするのに対し、今回のロッジは一泊六〇ドルほど。施設に入ると清掃や整備が行き届いておらず、前回とのあまりの違いに会見場所を間違えたのではないかと不安になるような宿泊施設だった。

単独会見したマシャール前副大統領は、ひどく疲れ切っているように見えた。それが長期間の逃避生活によるものなのか、反政府勢力が現在劣勢に立たされていることへの苛立《いらだ》ちからくるものなのかについてはわからなかったが、前回の会見からまだ一年数か月しか経っていないのに、まるで一〇歳以上も年を取ってしまったかのような印象を受けた。

眼光の鋭さこそ変わらないものの、話し方がひどくぞんざいになり、時折かかってくる電話の相手にも感情をあらわに怒鳴りつけている。周囲を取り囲んでいる男たちも疲れ切った雰囲気を漂わせており、その余裕のなさが制御不能な暴走列車の姿を私の脳に連想させた。

マシャール前副大統領は私を覚えていた。

私は会話をつなぐべく、まずは政府軍との大規模な戦闘が起きた七月の首都ジュバでの状況やその後の逃避行についての話題を向けた。

「すべてキール大統領によって企てられていたことだよ」とマシャール前副大統領は私に吐き捨てるように言った。「大統領府の外で小競り合いが起きてからすぐに、政府軍の戦闘ヘリや戦車が我々の居住地を攻撃してきた。あなたも知っているように、和平合意の取り決めにより我々はジュバから二五キロ圏内には兵力を置くことを禁じられていた。認められていたのはキール大統領の警護隊約二千数百人と私の警護隊約一三〇〇人のみ。にもかかわらず、キール大統領はその取り決めを破って、我々を殲滅《せんめつ》しようと重火器を用いて先制攻撃してきた。我々はジュバを追われ、国連部隊に守られながらコンゴへ逃れた。どちらに正義があるのか、考えなくても理解できるはずだ」

長い説明の後、私は現在の南スーダン情勢について慎重に尋ねた。

「今度は徹底的にやる」と前副大統領は言った。「我々には南スーダンの国民を守る義務がある。彼らのために我々は戦う。我々はすでにジュバを陥落させるだけの十分な兵力と意志を有している」

「ジュバには日本の自衛隊がいます」と私は尋ねた。

「日本には感謝している、しかし……」とマシャール前副大統領はそこで意図的に言葉を区切った。

「Bullets have no eyes」

弾丸には目がついていない、といった英語を、私は「巻き添えになっても責任は取れない」という警告の意味で受け止めた。

インタビューは四〇分ほど続き、その途中、私は用意していた質問を同席していた取材助手に委ねて、自らはマシャール前副大統領の写真撮影に回ることにした。

角度を変えて十数枚ほど撮り終えた時だった。不意にマシャール前副大統領が着ていたスーツの前ボタンが外れ、右腰のベルトに装着された「銀色の光」がファインダー内で煌《きら》めいた。同席していたマシャール前副大統領の妻を名乗る女性が慌ててスーツの前を押さえてその物体を隠したが、一眼レフはその物体を確実に捉えたようだった。モニターで確認してみると、映っていたのは銀色に光るピストルだった。

次の瞬間、後ろで撮影を監視していた男が私のカメラを取り上げ、「今写した画像を直ちにここで消去しろ」と大声で怒鳴った。男は「こいつがピストルの写真を撮りました」とマシャール前副大統領に報告し、前副大統領も私に向かって「その写真は使わないでほしい」と命じた。

私は仕方なくその場でピストルの写真を消去した。

なぜ彼らがそれほどまでにピストルの写真に警戒感を示したのか。

警護隊によって常時守られているはずの反政府勢力のトップが護身用のピストルを携帯しながら記者の取材に応じているという事実が、反政府勢力が弱体化しているといった印象を見る者に与えかねないと考えたのだろうか。

そんな印象を抱かせるくらい、マシャール前副大統領も、その周辺も、何かに対して苛立っていた。

布施祐仁

第5章 廃棄

二〇一六年一一月二二日、インタビューに応じる稲田防衛大臣

海外メディアも大きく報じる新任務付与部隊

二〇一六年一一月二〇日、「駆け付け警護」「宿営地の共同防護」の新任務が付与された第一一次南スーダン派遣施設隊の先発隊約一三〇人が青森空港を出発した。

朝日新聞は翌日の朝刊で、空港ビル屋上の送迎デッキで隊員たちを乗せた飛行機を見送った家族の声を紹介した。

二〇日午前一〇時過ぎ。派遣隊員らが乗った飛行機が青森空港を離陸すると、空港ビルの屋上に集まった見送りの家族ら約二〇〇人から声が上がった。「パパ、頑張ってねー」「行ってらっしゃーい」。大きく手を振る人、涙をぬぐう人、黙って見つめる人。父親を見送った小学六年の男の子（一一）は「悲しいけど、お父さんには頑張ってほしい」と話した。駆けつけ警護には、懸念の声が相次いだ。弟を見送った姉（三九）は「新任務が与えられなければいいと思っていた。正直嫌だし、不安」。息子が出発した母親（六四）は「説明を聞いたときは、戦争の一環みたいな感じを受けた。命の危険もあるのでは」と語った。（「朝日新聞」二〇一六年一一月二一日朝刊）

新任務を付与するにあたり、日本政府は、内閣官房、内閣府、外務省、防衛省の連名で「新任務付与に関する基本的な考え方」と題する文書を公表した。

このなかで、「駆け付け警護」は、他に対応できるＵＮＭＩＳＳ（国連南スーダン派遣団）の歩兵部隊が存在しないという「極めて限定的な場面」で「応急的かつ一時的な措置としてその能力の範囲内で行う」と明記した。さらに、「そもそも治安維持に必要な能力を有していない施設部隊である自衛隊が、他国の軍人を『駆け付け警護』することは想定されない」と、警護の対象はあくまで国連職員や支援活動関係者などの文民に限定されると強調した。

稲田大臣も「銃撃戦が行われているような苛烈な現場で行うことは想定されない」と国会で答弁した。このような〝縛り〟をかけることで「駆け付け警護が必要になる場面はほとんどない」と説明する政府高官もいた（「朝日新聞」一一月一六日朝刊）。

そうであるならば、なぜ新任務付与を行ったのか。これでは、新任務のための新任務付与、形だけの「実績づくり」と批判されても仕方がないだろう。

自衛隊の新任務付与は、海外のメディアも大きく報じた。アフリカを中心に世界各国のメディアの英文記事をチェックしたところ、誤解を生みかねないような報道も少なくなかった。「日本軍、第二次世界大戦後、初めての戦闘任務のため南スーダンへ」という見出しをつけている新聞もあり、さすがに頭を抱えてしまった。

南スーダンの主要紙「ドーン」も、自衛隊が「他のPKO部隊や南スーダンの人々を警護するために武力行使する」と、明らかにミスリードする記事を一面トップで大きく報じていた。これを読んだ南スーダンの人々は、今度大規模な戦闘が発生したら自衛隊が助けに来てくれると誤解するだろう。自衛隊の駆け付け警護の対象はあくまでPKOや人道支援活動の関係者で、南スーダンの一般市民は含まれていない。

一方、「ジュバ・モニター」紙の記事には、「誤解」を生まないように先手を打ったのか、「彼らは工兵部隊（註：主に土木工事などに従事する部隊）であり、レスキュー（救出）チームではない」との紀谷《きや》昌彦・駐南スーダン大使のコメントがしっかり入っていた。これと前後して日本政府は、ニューヨークの国連本部に対しても、UNMISSに対しても、自衛隊が手に余るような駆け付け警護の実施を求められることがないよう、あらゆるラインを使って働きかけていた。

二つの家族向け資料から見えてくるもの

二〇一六年一一月二二日、国会で野党議員が重要な事実を明らかにした。

参議院の外交防衛委員会。共産党の井上哲士《さとし》議員が三枚の資料を配布し、南スーダンPKOについて質問した。

資料は、南スーダンに派遣される隊員の家族向けに二〇一六年三月と一〇月に開かれた説明会で使われたもので、現地の治安情勢について説明していた。

これには、私も一枚噛んでいた。

井上議員は一〇月末、防衛省に資料要求を行い、同月に陸上自衛隊第九師団（司令部・青森市）が開いた第一一次派遣要員の家族向け説明会の資料を入手していた。それを私も見せてもらったのだが、一つ気になる箇所があった。

私はすでに第七師団（司令部・北海道千歳市）が三月に開いた第一〇次派遣要員の家族向け説明会の資料を、情報公開請求により入手していた。それと井上議員が入手した第一一次派遣要員の家族向け説明会の資料を読み比べてみると、治安情勢について説明している頁のタイトルが変わっていたのである。

三月の説明会資料では、「政府派・反政府派の支配地域」というタイトルだったのが、一〇月の説明会資料では「反政府派の活動が活発な地域」と書き換えられていた。

さらに、防衛省が私に開示した三月の資料では、タイトル以外はすべて黒塗りにされていたにもかかわらず、井上議員に開示した一〇月の資料では黒塗りはなく、南スーダン全土の地図に「反政府派の活動が活発な地域」として北部の一帯がピンク色で塗られ、二か所が「衝突発生箇所」として記されていた。

この「書き換え」は何を意味するのだろうか――。私は、一〇月の資料が全面開示されたのだから、三月の資料も請求すれば黒塗りが外されて全面開示されるのではないかと思い、井上議員の秘書に防衛省に資料請求してみてはどうかと伝えた。情報公開は請求から開示まで非常に時間がかかるが、国会議員が資料の提出を要求すると、通常よりはるかに早く開示される。

私の予測通り、防衛省は黒塗りを外した状態で三月の資料を井上議員に提出した。黒塗りが外された部分には、一〇月の資料とほぼ同一の地図が載っていた。ピンクに塗られた地域もまったく同じである。ただ、一〇月の資料では「衝突発生箇所」と表記されているのが、三月の資料では「戦闘発生箇所」となっていた。

三月の資料も一〇月の資料も結論は同じで、「ジュバを含む南部三州は、北部地域に比して平穏です」と記されている。

三月の資料では「反政府派の支配地域」と記していたのを、一〇月の資料では「反政府派の活動が活発な地域」と書き換えたのは、日本政府が、マシャール派が支配を確立した地域を有していないことを「南スーダンでPKO法上の武力紛争が発生したとは考えていない」という主張の〝根拠〟の一つとしていたからだろう。「戦闘発生箇所」を「衝突発生箇所」と書き換えたのも、国会でたびたび議論されているように、「南スーダンで戦闘行為は発生していない」という政府の主張と食い違ってしまうからだ。しかし、現実は、マシャール派は一定の支配地域を有していたし、戦闘も各地で起こっていた。

二つの家族向け説明会資料。
上　二〇一六年三月、第一〇次派遣要員対象。
下　同年一〇月、第一一次派遣要員対象。「政府派・反政府派の支配地域」が「反政府派の活動が活発な地域」に、「戦闘発生箇所」が「衝突発生箇所」に変更されている。

井上議員が稲田大臣に、このように言葉を書き換えた理由をただすと、稲田大臣はこう弁明した。

「(第一〇次要員の家族説明会資料の当該ページは)現地の報道等各種情報を引用し、現地の情報が、各種報道が使っているところの支配地域との表現を用いたわけでありますが、しかしながら、南スーダン情勢に関して隊員家族の間に誤解を生じかねない不正確な記述でもありました。そのため、陸幕を通じて資料の修正を指示し、第一一次要員の家族説明会資料からは修正した資料を使用しているところでございます」

現地の報道が「支配地域」という言葉を使っていたので、それをそのまま書いてしまったが、日本政府が言うところの「支配を確立した地域」とは意味が異なり、誤解を与えかねない不正確な記述だったので修正を指示したというのである。その結果、「支配地域」が「活動が活発な地域」と書き換えられた。稲田大臣は改めて、「派遣部隊からの報告や我が国大使館、国連からの情報等を総合的に勘案すると、これまでにマシャール前第一副大統領派により支配が確立されるに至った領域があるというふうには認識していない」と強調した。

言葉を書き換えたこと以上に私が重大だと思ったのは、一〇月の資料に七月のジュバ争乱以降の治安情勢の大きな変化がまったく反映されていないことだった。

国連事務総長報告が明記したように、七月以降の最も大きな変化は、それまで比較的平穏だった南部のエクアトリア地方の治安が急激に悪化していったことである。だが、一〇月の資料にはそのことは一切反映されず、戦闘が起こっているのは北部と西部だけで、あたかもジュバに近い南部では戦闘が起こっていないかのように見せている。そして、「ジュバを含む南部三州は、北部地域に比して平穏」と三月の資料とまったく同じ結論を書いているのである。

これは明らかに虚偽の説明であり、南スーダンへの派遣を前に、しかも新任務を付与されるかもしれないという状況の中で、不安を抱く隊員家族を欺く背信行為であった。稲田大臣は、まず何よりも、南部の急激な治安悪化という最大の変化を反映していない不正確な内容を修正させるべきだった。しかし、それをせずに言葉の書き換えだけ指示したところに、「新任務付与ありき」の姿勢が表れているように思えた。

こうして、新任務付与に不都合な事実は、国民だけでなく、派遣隊員の家族にさえも隠されたのである。残念なことに、これだけの重大事項にもかかわらず、報じたマスコミは東京新聞だけであった。

ＰＫＯの国際法的根拠を顧みない日本政府の理屈とは

この時期、もう一つ、本質に迫る重要な国会質疑があった。

二〇一六年一一月一五日の衆議院安全保障委員会での民進党の緒方林太郎《りんたろう》議員の質問だ。

緒方議員は、元外務省官僚で、退官時の役職は国際法局条約課課長補佐であった。いわば国際法のプロである。

緒方議員は、日本も賛成した南スーダンに関する国連安保理決議に「アームドコンフリクト（武力紛争）」という言葉が何度も出てくることを指摘した上で、「日本の定義である武力紛争ではなくて、アームドコンフリクトが今南スーダンに存在をしていることは認めるか」と迫った。以下、その後の質疑である。

飯島政府参考人（註：飯島俊郎《としろう》・外務省大臣官房参事官）「国連等の決議におきまして、我が国における武力紛争あるいは戦闘行為等の定義を前提としているわけではございませんので、この場合には、国際社会の一般通念として我が国もこの決議に参加しているということになるかと思います」

緒方議員「だから、そこは違いがありますねということを聞いています、外務省」

飯島政府参考人「我が国で使っているものと国連における決議との間で同一ではないということは申し上げられるかと思います」

緒方議員「同一じゃないということは御答弁をいただきました。結構重大な答弁ではないかと思います。（中略）重要なのは、国連の報告書で、脆弱な和平合意の崩壊と書いてあります。もともと和平合意が存在をしていて、そこが脆弱であって、しかも、それがコラプス、崩壊したと書いてあります。これでも武力紛争がないと言う理屈は何ですか」

稲田大臣「何度も繰り返しの答弁になって恐縮ですけれども、武力紛争は、国または国準間の武力を用いた争いです。なぜこの武力紛争ということを我が国はしっかりと見なきゃいけないかというと、これは、憲法九条との関係で、武力紛争があるかないかをまず確認しなきゃいけない。そういう意味で、国または国準間での武力を用いた争いが生じているとまでは言えない。すなわち、反主流派のマシャールさんは国外に逃亡して南スーダンに戻ることすらできていない、系統立った組織でもない、確立した支配でもない、なので武力紛争ではない。これは憲法上の問題であります」

これは、非常に重要なやり取りだと思った。ＰＫＯの実施主体は国連であり、その国際法的根拠は安保理決議であるにもかかわらず、同決議が武力紛争と認定していても、日本政府が「国または国に準ずる組織の間の争い」と認めない限り、武力紛争に当たらないと防衛大臣が明言したのである。

　しかも、日本政府は「ＰＫＯ法上の武力紛争」という言葉を多用しているが、実はＰＫＯ法には武力紛争の定義は書かれていない。「国家又は国家に準ずる組織の間において生ずる武力を用いた争い」という〝定義〟も、組織性や支配地域の有無など「国家に準ずる組織」かどうかを判断する基準も、すべて日本政府が決めているものである。繰り返すが、日本政府はＰＫＯの主体である国連がどう言っていようが関係なく、自らが決めた定義や基準による武力紛争を想定しているのだ。

　この理屈が通るならば、日本政府が〝総合的に判断して〟戦闘を行っている武装勢力を「国家に準ずる組織」に該当しないと判断すれば、どんなに戦闘の度合いが苛烈を極めても「武力紛争は発生していない」ということになる。

　武力紛争が発生しているかどうか政府が恣意的《しいてき》に判断できてしまうのでは、ＰＫＯ参加五原則の縛りはもはや無意味だ。事実、南スーダンＰＫＯに対する政府のスタンスはＰＫＯ参加五原則をあってなき物にしているといえる。

自衛隊は誤ちを犯さない？

この政府のスタンスは、国際法上も極めて大きな問題をはらんでいる。

日本政府が、マシャール派は「国家に準ずる組織」に該当しないと判断すれば、自衛隊がマシャール派とどんなに激しい戦闘を行っても、それは「武力紛争ではない」ということになる。武力紛争でなければ、自衛隊は国際人道法など武力紛争における国際法規を守らなくてもよいということになってしまう。

しかし、国連安保理決議はＵＮＭＩＳＳに対して国際人道法の遵守を義務付けており、南スーダン政府のＰＫＯ受け入れの前提となっている地位協定でも、「ＵＮＭＩＳＳ部隊は国際人道法を完全に遵守して作戦を遂行する」と約束している。日本だけ、独自の「武力紛争」の定義を持ち出して、こうした国際法規に縛られずに勝手に行動するなどということが許されるわけがない。

しかも、武力紛争への参加を前提としていない日本には、自衛隊の国際人道法違反を裁く仕組みは存在しない。ＵＮＭＩＳＳに参加している他国の部隊が国際人道法違反を犯したら、それぞれの軍に設置される軍法会議で裁かれるが、自衛隊には軍法会議は存在しない。

国際人道法は、敵戦闘員と文民を識別せずに無差別に攻撃することを禁じている。仮に、自衛隊がこのような攻撃を行ってしまった場合、「戦争犯罪」に問われる可能性があるが、日本にはそれを裁く法律が存在しないのだ。

一一月二三日、私は名古屋市内で開かれた愛知県弁護士会主催の南スーダンＰＫＯ問題を考えるシンポジウムに出席し、南スーダンの現状についてプレゼンした。もう一人の報告者である東京外国語大学大学院教授の伊勢崎賢治《いせざきけんじ》氏も、この「法の空白」の問題を指摘した。

伊勢崎氏は、かつて東ティモールの国連ＰＫＯで上級民政官として一五〇〇人のＰＫＯ部隊を統括した経験を持つ。その経験からも「自衛隊の誤射で民間人に犠牲者が出たのに、誰も裁かれないとなったら、南スーダン政府が国連を批判する格好の材料となる。現地住民の国連への感情が悪化し、ミッション全体の任務の遂行にも悪影響を及ぼしかねない」と強い懸念を示した。

そして、これを解決するには、文民警察官や非武装の軍事監視団要員の派遣など他の貢献策を示して、自衛隊を撤収させるしかないと強調した。

一発の銃弾が日本の国際的信用を失墜させかねない重大なリスクだと私は思うのだが、日本政府はこれも「臭い物に蓋をする」方式で済まそうとしているのだろうか。

一二月二八日の朝日新聞がこの問題を取り上げていたが、「防衛省担当者」のコメントを読んで私は絶句した。

「相手を識別して武器を使えるよう厳しい訓練をしている。あやまって人に危害を加える事態は極めて想定しにくい」

自衛隊員は厳しい訓練をしているので、国際人道法違反の武器使用をすることはないというのだ。こんな理屈は、日本国内では通用しても、PKOの現場では通らないだろう。これが通用すると考えているのだとしたら、あまりにも「平和ボケ」していると言わざるを得ない。

日報は廃棄された!?

現地時間の二〇一六年一二月一二日午前零時、ジュバの自衛隊宿営地では第一〇次隊から一一次隊への指揮移転が行われ、安保関連法に基づく「駆け付け警護」と「宿営地の共同防護」が新任務として追加された。

この三日前の一二月九日、私のもとに九月末に行った情報公開請求の決定通知書が防衛省から届いた。

新任務の開始に間に合わなかったことに忸怩《じくじ》たる思いを抱きつつ、七月の大規模戦闘時の詳しい状況が記された日報が開示されることを期待して封を開けた。

しかし、私の期待は、またもや裏切られた。決定通知書には、想像もしていなかった結果が記されていた。

結論は、私が開示請求した「南スーダン派遣施設隊が現地時間で二〇一六年七月七日から一二日までに作成した日報」は「開示しないことと決定した」というものであった。文書の大部分が黒塗りされる「海苔弁《のりべん》」は覚悟していたが、全面不開示は予測していなかった。さらに、まったく想定外だったのは、不開示の理由である。


本件開示請求に係る行政文書について存否を確認した結果、既に廃棄しており、保有していなかったことから、文書不存在につき不開示としました。


え？　廃棄？　直感的に、「あり得ない」と思った。

海外派遣という実任務の貴重な一次資料であり、陸自の国際活動教育隊で「主要教訓資料源」として活用されているような自衛隊にとっても重要な日報が、半年も経たずに廃棄され、防衛省に存在しないなんて、常識的に言って考えられない。しかも、陸自の文書管理規則では、ＰＫＯ関連文書の標準保存期間は三年間と定められている。それを数か月で廃棄するというのは、違法じゃないのか。それに、こんなに短期間に廃棄されてしまったら、国民は自衛隊のＰＫＯ活動について何も検証できないではないか。

どう考えてもおかしい。私はすぐに、その違和感をツイッターに投稿した。

〈今年七月に南スーダンのジュバで大規模戦闘が勃発した時の自衛隊の状況を知りたくて、当時の業務日誌を情報公開請求したら、すでに廃棄したから不存在だって……。まだ半年も経っていないのに。これ、公文書の扱い方あんまりだよ。検証できないじゃん〉

抑え切れない気持ちをぶつけるようにスマートフォンで打ち込んだので、「日報」を「日誌」と打ち間違えてしまった。普段なら、いったん削除して再度投稿するのだが、投稿した直後から物凄《ものすご》いスピードでリツイート（拡散）されていったので、書き直すことは断念した。

ツイートを読んだ人から、〈自分も公務員だが、これはありえない〉〈民間には領収書や帳簿を七年間保存しろと義務づけているのに、数か月で廃棄だなんて……〉といった反応が矢継ぎ早に寄せられた。現職の自衛官と思われる人からも、〈海外派遣の日報を数か月で廃棄というのは、いくらなんでも無理筋な話〉といった反応があった。

知り合いの現職自衛官と元自衛官数人にも聞いてみたが、全員が「廃棄はありえない」という意見だった。

こうした反応に確信を得て、私は三日後の一二月一二日付で、日報の再探索を求めて稲田防衛大臣に対して行政不服審査法に基づく審査請求を行った。

マスコミからも、すぐに反応があった。

最初にコンタクトがあったのは、神奈川新聞であった。以前にも何度か取材を受けたことがあった「時代の正体」取材班の田崎《たさき》基《もとい》記者からすぐに電話がかかってきたのだ。神奈川新聞は一二月一四日の一面で、「戦闘発生時の日報破棄／南スーダンPKO陸自、3カ月未満で」の見出しで報じた。

続いて、東京新聞・中日新聞が一二月二四日の朝刊一面トップで大きく報じた。防衛省担当の新開《しんかい》浩《ゆたか》記者による解説記事では、「活動継続への疑念が強い南スーダンでのPKOについて、国民に正確な情報を届けて理解を得ようという意識が、安倍政権に依然として薄い」「黒塗りどころか、将来公開される可能性を摘む『廃棄』は、より深刻」と政府・防衛省の情報公開に対する姿勢を厳しく批判していた。

この後、共同通信、毎日新聞、時事通信、NHKなどが相次いで報じた。

さらに、意外なところからも〝援軍〟が現れた。

元公文書管理担当大臣で自民党の行革推進本部長を務める河野《こうの》太郎衆議院議員が、廃棄発覚後すぐに防衛省からヒアリングを行い、日報の電子データを復旧させて提出することを求めたのだ。

河野議員は、神奈川新聞の取材に、「日報は明らかに重要な『公文書』であって短期間に廃棄していいようなものではない。看過しがたい」「南スーダンへのＰＫＯ派遣では今回、駆け付け警護という新たな武器使用任務が付与されている。日報の廃棄はあらぬ疑いをかけられかねない」とコメントしていた（「神奈川新聞」一二月二八日）。

「あらぬ疑い」とは、防衛省が新任務付与にとって都合の悪い情報を隠蔽するために日報を廃棄したということだろう。不開示決定通知書に記された「廃棄」の文字を目にした時、私の脳裏に浮かんだのも、まさにこのことであった。

日報廃棄についての防衛省の説明は、日報は陸自文書管理規則で保存期間を一年未満に設定することができると定めている「随時発生し短期に目的を終えるもの」に当たり、現地の派遣部隊が上級部隊である中央即応集団司令部に報告を終えた時点で使用目的を達したので廃棄していたというものであった。

しかし、「報告を完了したら用済み」というのはあくまで自衛隊側の都合であって、ここには「健全な民主主義の根幹を支える国民共有の知的資源」（公文書管理法）である「公文書」という視点が完全に欠落している。統合幕僚監部は、私が請求した七月の日報だけでなく、これまでに作成されたすべての日報が廃棄されていると説明した。こんなことがまかり通れば、国民がいつ日報を開示請求しても「既に廃棄しており文書不存在」という結果となり、国民が日報に書かれた情報にアクセスする道は完全に断たれることになる。これは、情報公開法や公文書管理法の理念に明らかに反している。

そもそも、保存期間を一年未満にできるのは、すぐに廃棄しても支障ない非常に軽微な文書を想定しているはずだ。例えば、七月の私の情報公開請求に対して防衛省が開示した「人員現況」というペラ一枚の報告書は、その日に活動した各セクションごとの人数だけが記されている非常に簡潔な文書なので、数字をどこかに書き写せば廃棄してもそれほど問題はないといえる。

そんな軽微な文書でも、報告が完了したら即廃棄とせず、保存していたのである。だから、七月に私が行った開示請求に対して開示された。それなのに、活動の詳細が記録された日報は報告完了をもってすぐに廃棄していたというのは、あまりにも不自然ではないか。考えれば考えるほど、日報廃棄への疑念は膨らむばかりであった。

異例のアメリカ批判

二〇一六年一一月中旬から年末にかけて、日本では南スーダンといえば自衛隊の新任務付与が話題の中心であったが、世界ではジェノサイド（大量虐殺）や民族浄化をいかに阻止するのかが最大の関心であった。

動いたのは、アメリカであった。

アメリカのパワー国連大使は、ジェノサイドの危険を警告する国連事務総長報告が公表された翌日の一一月一七日に開かれた安保理公開会合で、「今後数日中に、南スーダンに対して武器禁輸を課し、同国の永続的な平和を達成する上で最大のスポイラー（妨害者）になってきた個人に対して制裁を課すための提案を行う予定である」と発言。翌一八日には、新たな制裁決議案を理事国に配布した。

報道によれば、決議案は、今後一年間にわたり南スーダンへの武器関連物資の輸出や軍事活動に関する財政支援を禁止するとともに、マロンSPLA参謀総長、マクエイ情報相、マシャール前第一副大統領の三人を渡航禁止や資産凍結などの個人制裁の対象に追加するというものであった。

これを受けて国連本部で記者会見したジェノサイド予防担当のアダマ・ディエン事務総長特別顧問は「現地は恐怖に支配され、あまりにも多くの武器が流通している」と述べ、武器禁輸を支持する考えを示した。

一方、南スーダンに武器を輸出していたロシアや中国は「時期尚早」「状況を複雑化させる」などと決議案の採択に難色を示した。

安保理決議は、全一五理事国のうち九か国以上が賛成し、かつ常任理事国が拒否権を行使しなかった場合に採択される。アメリカが提案した決議案には、イギリス、フランス、スペインなど六か国が支持を表明した。

採択に必要な九か国まで、あと二か国。アメリカは同盟国である日本に、決議案に賛成するよう強く求めた。

しかし、日本政府は慎重な姿勢を崩さなかった。その理由は、表向きは、南スーダン政府が地域防護部隊の受け入れ同意を閣議決定したり、部族間の和解を進める「国民対話」の実施を発表するなど前向きな動きを見せているなかで、いま制裁を加えれば南スーダン政府の態度を硬化させかねず、得策ではないというものであった。

ただ、真の理由は別にあった。日本政府は、制裁により南スーダン政府と国連・UNMISSとの関係が悪化し、新任務の運用を始めたばかりの陸上自衛隊のリスクが高まることを懸念していたのだ。

アメリカは、こうした日本の姿勢を批判した。パワー国連大使は「武器禁輸を支持しなければ、PKO部隊の安全を守れるという考え方は不自然だ」と指摘し、「南スーダン政府に規律を課し、南スーダン国内の重火器を減らすことはPKO部隊を含む全員の利益になる」と強調した。

日本政府は、制裁決議案への政策判断と自衛隊の安全確保は関係ないと繰り返し否定したが、つい「本音」を漏らしてしまった閣僚がいた。稲田防衛大臣である。

一二月二〇日の記者会見で、南スーダンへの制裁について、「自衛隊がしっかり安全を確保して、有意義な活動ができるには、どうすれば一番適当かという観点から現実的に検討すべきだと思う」と発言したのだ。つまり、日本政府が南スーダンへの武器禁輸に慎重なのは、現地で活動する自衛隊の安全確保のために、南スーダン政府を刺激したくないのが理由だと明かしたのである。これは、自衛隊にとっての〝最大の脅威〟が南スーダン政府や軍であると日本政府も認識していることの証左でもあった。

結局、一二月二三日の安保理での採決で、日本は決議案に棄権した。決議案は、賛成七票、棄権八票で否決された。日本が同盟国であるアメリカが提案した決議案に賛成しないのは極めて異例であった。

採決後、アメリカのパワー国連大使は「非常にがっかりしている。国連の事務総長までもが、過剰な武器の流入によって大勢の人々が命を落としていると指摘しているのに、現地の残虐な状況に安保理メンバーの良心は揺り動かされないのか」と、日本など棄権した国々を厳しく批判した。

アムネスティ・インターナショナルやヒューマン・ライツ・ウォッチなどの国際人権NGO七団体も、「深い遺憾の意」を表明する共同声明を発表した。ヒューマン・ライツ・ウォッチの国連担当局長代理のアクシャヤ・クマル氏は「決議案否決により、南スーダンの内戦当事者はさらなる武器の購入が許容された。その武器が一般市民に対して使われることになるだろう」と警告した。

アメリカが提案した決議案に日本が棄権するのも異例だったが、もっと異例だったのは、この直後に日本の国連次席大使が公然とアメリカを痛烈に批判する発言をしたことだ。

岡村善文《よしふみ》国連次席大使が一二月二八日の朝日新聞の取材に、「日本は南スーダンに自衛隊部隊を送って汗をかいているが、米国の関与は口先だけだ」と批判し、アメリカのやり方は「悪者を懲罰すれば正義が訪れるというカウボーイ的発想に過ぎる」と辛辣な言葉をぶつけた。さらに、「日本は自衛隊部隊を通じて、南スーダン政府に協力してきた。制裁で関係が崩れることがあってはならない」と指摘し、南スーダン政府との関係を重視して制裁決議案に棄権したことを明かした。岡村次席大使のこの発言は、南スーダンの新聞各紙でも一面トップで大きく報道された。南スーダンのキール政権にとっては、さぞかしありがたく感じたことだろう。

私が最も強い違和感を持ったのは、岡村氏の「今必要なのは南スーダン政府が進める国家建設の支援だ」という発言だ。

日本政府の頭の中は、依然として、南スーダン政府に対する「国造り支援」であった。だが、UNMISSの筆頭マンデート（委任された権限）は、二〇一三年一二月に内戦が勃発して以降、とっくに「国造り支援」から紛争下における「文民保護」に切り替わっていた。

アメリカは、南スーダン政府がエクアトリア地方に四〇〇〇人の部族民兵を動員して、住民を標的にした大規模な攻撃を準備していると警告していた。実際、エクアトリア地方では、反政府勢力の掃討を理由にした政府軍による無差別な攻撃が各地で報告されていた。

アメリカや国連にとっては、南スーダン政府はもはや「国造り支援」の対象ではなく、その暴力を一刻も早く止めなければならない「紛争当事者」となっていた。そんな中、日本だけが「南スーダンでは武力紛争は発生していない」と言い、南スーダン政府に対する「国造り支援」を続けようとしていた。

ジュバ市内での道路整備や国連文民保護サイトの施設整備などに汗を流してきた、現場の自衛隊員たちの努力は本当に尊いものであったと私も思う。だが、国際社会が最も優先すべきなのは、ジュバの外で起ころうとしているジェノサイドを止めることであった。

日本政府は、「自衛隊派遣ありき」で、本当にやるべきこととの優先順位を完全に見誤ってしまっているように見えた。

ジュバの自衛隊宿営地のすぐ隣にそびえ立つ建設中の通称「トルコビル」

三浦英之

第6章 銃撃

「ジャパニーズ・アンタッチャブル・プレイス――（日本の触れてはならない場所）」

南スーダン首都ジュバの国際空港を一望できるその場所を、南スーダン政府情報省の高官はそう呼んだ。

自衛隊宿営地の隣接地に建設されている、九階建ての大型施設。

通称「トルコビル」。

二〇一六年七月、ジュバでキール大統領派とマシャール前副大統領派による大規模な戦闘が起きた際、空港を一望できるその場所がマシャール派の戦闘員によって占拠され、キール大統領率いる政府軍との間で約二日間、激しい銃撃戦が起きていた。ジュバの戦局が沈静化した八月以降、私はその建物内を取材したいと南スーダン政府軍に何度も申請し、一一月、ようやく取材が許可された。

一〇回目の入国。

空港で待っていたのは南スーダン政府軍の装甲車だった。

現場までは約一五分。

「あの建物だ」と装甲車の中で南スーダン政府軍の副報道官が告げた。濃緑の野戦服に赤いベレー帽姿。高温多湿の狭い車内でも一滴の汗もかかずにフロントガラスをにらみつけている。

「当時、あそこにマシャール派の戦闘員約二〇〇人が立てこもり、自動小銃やロケットランチャーを使ってこちらをバンバン撃ち始めたんだ。こっちは四〇〇人と戦車二台で応戦した。あちら側を二三人殺し、こちら側も五人が死んだ」

現場となったトルコビルは、UNMISS（国連南スーダン派遣団）の隣接地に建設されていた。外壁はコンクリートがむき出しのままで、ガラス窓などは取り付けられていない。完成後は国際会議場兼高級ホテルとして使われる予定だった、と副報道官は説明した。自衛隊の宿営地の真隣にあたり、自衛隊員が寝泊まりしている宿舎までの距離は直線で約一〇〇メートル。

上階からは最重要拠点である空港を一望できると聞いていたので、さぞかし厳しい警備が敷かれているものと予想していたが、実際に建物の敷地内に足を踏み入れてみると、入り口には立ち入り禁止のロープも警備員の姿もなく、四人の政府軍兵士が靴を脱いだ状態で砂だらけのコンクリート上でいびきをかいていた。気分を害された副報道官が寝ていた一人の兵士の脇腹を思い切り蹴り上げ、蹴られた兵士はうめき声を上げながら遠くの壁に立てかけてあったカラシニコフ銃を取りに行った。他の三人も慌てて銃を取り

トルコビルの地階で副報道官(左)から事情聴取を受ける政府軍兵士ら

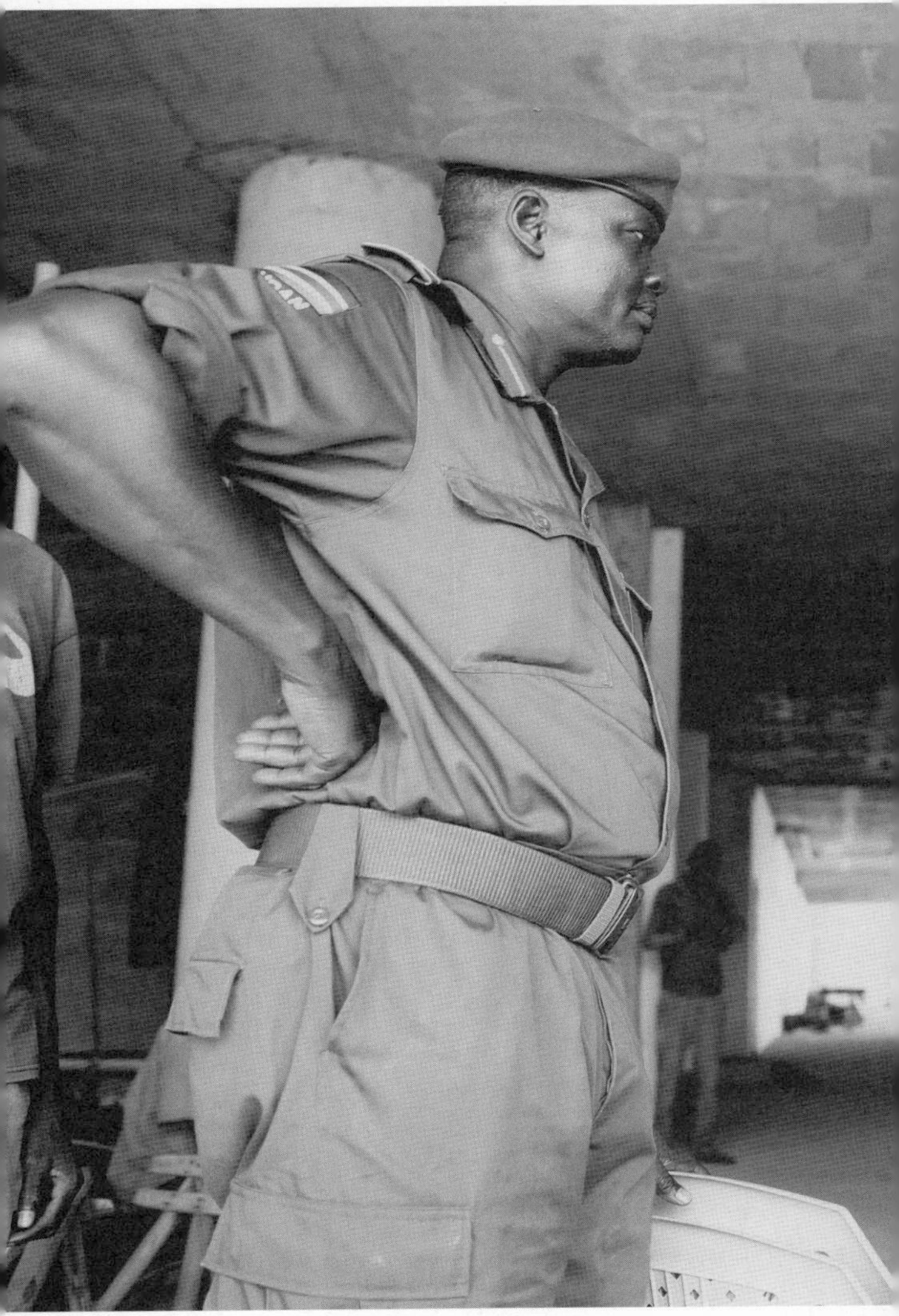

に行き、それらを肩に掛けると副報道官に向かって不格好な敬礼をした。

副報道官に命じられ、四人の中でも最も若く頑強そうに見える兵士が建物内を案内してくれた。

建物内でも激しい銃撃戦があったらしく、外壁同様、階段や廊下の壁にも小銃やロケット砲による大小多数の弾痕が残されている。

当時、マシャール派が立てこもっていたという七階部分のテラスに出て驚いた。目の前に広がったのは自衛隊宿営地の全景。

宿営地内の様子や建物の配置、自衛隊員の行動が丸見えなのだ。

例えるならば、中学校の校舎の屋上から目の前の校庭を見下ろすような感じ。宿営地内のポールに日の丸がはためき、自衛隊員が車に乗り込んだり、会話をしながら道を歩いたりしているのが肉眼でもはっきりと見える。狙撃銃なら簡単に隊員の命を狙える距離だし、肩掛け式のロケットランチャーを撃ち込まれれば、間違いなく多数の死傷者が出ただろう。

立ち尽くす私に副報道官が言った。

「（自衛隊を）撃とうと思えばこの距離だから簡単に撃てるが、意味がない。奴《やつ》らは（自衛隊宿営地のすぐ隣にある）空港を占拠するつもりで、空港の様子を窺《うかが》っていたんだ」

目的が何であれ、戦闘発生時、マシャール派にここを占拠されたのは、自衛隊を含む国連ＰＫＯ部隊にとって戦略上、極めて致命的なミスであるように思われた。少なくとも銃撃戦が行われていた二日間、自衛隊は「敵」から丸見え、つまり「丸裸」だったのだ。

私にとってさらに理解できなかったのは、そのミスが未《いま》だに改善されぬまま、放置されているという事実だった。百歩譲って、七月の大規模戦闘時にこの建物をマシャール派に占拠されたことは想定外のミスだったと言い訳することは可能かもしれない。しかし、その失態から四か月が過ぎた今、私が現場を訪ねてみると、この重要拠点を警護していたのはわずかに四人。いずれも地面で居眠りをしており、銃は遠くの壁に立てかけられていた。

この建物の上階から空港や自衛隊宿営地が見渡せることは、ジュバ市民なら誰もが知っている。テロリストに限らず、町のチンピラでも十分に空港や自衛隊員が狙える場所。だからこそ、マシャール派の戦闘員たちは真っ先にここを占拠したのだ。

ジュバを視察したという稲田朋美防衛大臣は一体何を見て帰ったのだろう、と私は思った。

現場の自衛官からどんな報告を受けたのか。

UN
UN

トルコビルの七階から見えた自衛隊宿営地の全景

トルコビルの七階からは自衛隊員の行動が丸見えだった（細部をぼかすため特殊フィルターをかけて処理している）

UN
UN

戦闘はなかった——はずはない。自衛隊宿営地のまさに隣の建物で二〇〇人と四〇〇人が二日間にわたり、自動小銃やロケットランチャーを使用して互いにバンバン撃ちまくっているのだ。戦略上の一大要所を守れない、あるいは一度奪われたのに、再度奪われる可能性を排除できない。これでどうやって自衛隊員を守るというのだ。

戦闘はなかった？　治安は十分維持されている？　駆け付け警護で邦人スタッフを助けたい？

呆然《ぼうぜん》と立ち尽くす私の横で副報道官は言った。

「国連ハウスの横で砲身を吹き飛ばされた戦車があったろう？　あれはマシャール派にやられたんじゃない。ＵＮＭＩＳＳに撃たれたんだよ。国連部隊が我々に向かって対戦車誘導弾を撃ち込んできたんだ」

突然の告白に私は唾を飲み込んだ。

「我々は反撃した。撃ち返したんだ。それで二人の中国人兵士が死んだ」

思わず副報道官の顔を見返していた。

南スーダン政府軍と国連ＰＫＯ部隊が交戦したというのか？（※）

私は激しく混乱し、その場に立ち竦《すく》みながら目の前の「事実」を凝視した。

嫌な予感が脳裏を過《よぎ》った。

結局すべてがウソなんじゃないか。

※　南スーダン政府軍と国連PKO部隊との交戦については、南スーダン政府のマクエイ情報相が二〇一六年一一月、朝日新聞の渡辺丘《たかし》記者が実施したインタビューの中でも、「国連宿営地の門の近くで（政府軍の）装甲車両二両が国連部隊に破壊され、政府軍は国連部隊に応戦した」と言及している。一方、国連は「規則に従い、軍人や施設、装備にいかなる攻撃的な措置もとっていない」と否定。にもかかわらず、南スーダン政府軍の副報道官は二〇一七年五月、自衛隊撤収直前の私の取材に「我々と国連が互いに撃ち合ったことは事実だ。我々は戦車を破壊され、その報復で中国兵二人が死んだ。事実は動かすことができない」と繰り返した。この発言は同席したナイロビ支局の現地助手や朝日新聞のカメラマンも聞いている。

布施祐仁

第7章 隠蔽

二〇一七年三月一〇日、南スーダンPKOから自衛隊施設部隊を撤収する方針を発表する安倍晋三首相

日報開示の可能性

二〇一七年、年が明けても、私や自民党の河野太郎議員が防衛省に再探索を求めた南スーダンPKO派遣部隊の日報はなかなか出てこなかった。

ただ、私は、防衛省に日報が存在しているとの確信を強めていた。その理由はいくつかあった。例えば、日報を廃棄せずに保管していなければ作成できないような陸上自衛隊の文書を発見していたからだ。

前述した通り、陸自の研究本部は、派遣部隊ごとに現地での活動の教訓を集めて整理した「教訓要報」という文書を作成している。私は、二〇一六年三月末に作成された第八次派遣施設隊の「教訓要報」を防衛省に開示請求して入手していた。この文書を丹念に読んでいくと、資料の中に日報の一頁が添付されているのを発見した。

つまり、八次隊が作成した日報が、八次隊の帰国後に研究本部が作成した「教訓要報」に資料として用いられているのである。これは、防衛省が言うように日報を報告完了後すぐに廃棄していたら、起こり得ないことである。日報が廃棄されずに保管されているからこそ研究本部はこういう使い方ができたし、そもそも、このように教訓の基礎資料として活用されるのが日報であるはずだ。

絆橋付近で受けたハラスメント [redacted] に関する第８次要員日報　別紙第３

項目	内容		要図等
発生日時	１２月３日(木)　１１００頃		
発生場所	絆橋付近（ジュバ市内ゴンゴロキ地区）		
編成装備	１号車 [redacted]	活動長：A隊員（車長兼務、[redacted]） 操縦手：B隊員（第９次隊要員、[redacted]）	
	２号車 [redacted]	車　長　：C隊員（操縦手兼務、[redacted]） 助　手　：D隊員（[redacted]） 機関銃手：E隊員（第９次隊要員、[redacted]）	
状況	第９次隊操縦手要員に絆橋までの[redacted]ところ、絆橋付近において、[redacted]と思しき者からハラスメントを受けたもの。		
相手方の情報	1　相手の人数　現地男性２名（身分証を所持、所属不明） 2　バイク（中型）１台に乗車、私服着用（半袖のシャツ） 3　１名はサングラス装着、[redacted] 4　他の１名は[redacted]		
経緯	1 2 3 4 5 6 [redacted]		

40 /58

第8次隊の「教訓要報」に資料として添付されていた「日報」の1ページ。「教訓要報」は部隊の帰国後に作成するもので、防衛省の言うように「日報」をすぐに廃棄していたら、このような使い方はできない。

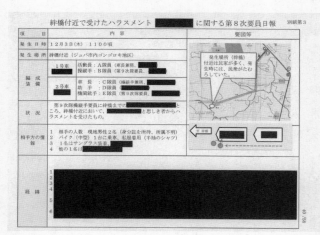

日報はすべて廃棄されていて、防衛省に一つも残っていないなんてあり得ない――この思いは、さまざまな「状況証拠」によって確信に変わっていった。

しかし、防衛省が日報を出してくるかどうかについては確信が持てなかった。いったん廃棄済みで不存在としたものを出せば、意図的な隠蔽が疑われるし、不開示とした責任が問われる。それを回避するためには、廃棄したという説明を最後まで貫くしかない。ただ、それも内部告発などで流出すればアウトだ。防衛省は、果たしてどちらを選ぶだろうか。

そんな中、もしかしたら防衛省は日報を出してくるのではないか、と予感する出来事があった。

一月二〇日に通常国会が開会し、安倍首相の施政方針演説の後、各党の代表質問が行われた。二四日には、衆議院本会議で共産党の志位和夫《しいかずお》委員長が質問に立ち、冒頭で日報廃棄の問題を取り上げた。

志位氏は「陸自は廃棄の理由として、上官に報告したからと説明しているが、こういう理由で廃棄がまかり通れば、国民は南スーダンで自衛隊が置かれている状況について知るすべがなくなるではないか。総理、日報を廃棄した自衛隊幹部の行為を是とするのか非とするのか、明確な答弁を」と迫った。

これに対して、安倍首相は次のように答弁した。

「御指摘の日報は、南スーダン派遣施設部隊が、毎日、上級部隊に報告を行うために作成している文書であり、公文書等の管理に関する関係法令及び規則に基づき取り扱っている旨の報告を受けています。なお、日報の内容は、報告を受けた上級部隊において、南スーダンにおける活動記録として整理、保存されていると承知しています。いずれにせよ、行政機関の作成した文書については、関係法令等に基づいて取り扱いを行うべきことは当然と考えております」

首相は、問われている日報廃棄の是非については明言せず、「関係法令及び規則に基づき取り扱っている旨の報告を受けている」という事実のみを述べている。しかし、防衛省は日報を文書管理規則に基づき適法に廃棄したと説明しており、事実上、これを追認する答弁であった。

ただ、「報告を受けている」で留めているところからも、日報の廃棄は問題ないと言い切っている感じでもなかった。考えようによっては、後に日報の存在が明らかになった時に首相の答弁が虚偽答弁とならないよう、答弁原稿を作成した官僚が巧妙に考えた言い回しのようにも思えた。日報が出てくる可能性はゼロではない気がした。

日報は存在していた！

「河野議員のツイッターを見てください！」

日報廃棄について最初に取材し報道してくれた神奈川新聞の田崎基記者から電話がかかってきたのは、二〇一七年二月六日の午後三時過ぎだった。

すぐにツイッターを見ると、河野太郎氏は午後一時三二分に次のように書き込んでいた。

〈自衛隊の南スーダン派遣施設隊の日報とそれを中央即応集団司令部がまとめたレポート、電子情報の形で残されていたものが発見されました。必要なら情報公開請求にも対応できます〉

日報と、それを元に中央即応集団司令部が作成した「モーニングレポート」というタイトルの文書の写真も添付されていた。

防衛省が「廃棄して存在しない」としていた日報は、やはり保管されていたのである。ないことにされなくてよかったという思いと同時に、なぜ、日報の存在を確認するだけのことに二か月近くもかかったのかという疑問が頭をもたげた。私は、ツイッターに〈南スーダン日報発見！　やっぱり、あったか……しかし、何でこんなに時間がかかったんだろう。すぐにわかっただろうに〉と書き込んだ。

見つかった日報を、私も早く読みたいと思った。それに、防衛省内でどのように「発見」されたのかについても、詳しい状況を知りたい。そう思い、防衛省の広報課に電話をかけた。すると、この件は内局（内部部局）の広報課ではなく統合幕僚監部の報道室が担当しているので、そっちにかけてくれと言う。

統幕報道室の担当者には、まず日報が発見された経緯を聞いた。

担当者によれば、日報を作成したPKO派遣部隊と報告先の中央即応集団司令部では規則に従ってすぐに廃棄していたが、統幕にも陸自のネットワーク（指揮システム）上にアップロードされた日報にアクセスできる職員がいて、その職員がたまたま個人的にパソコンにダウンロードしていたものが発見されたという。だが、この説明はその後、二転三転することになる。

最後に、「見つかったのなら、開示請求者である私にもいただけないでしょうか」と言うと、「すみません、それは情報公開担当の窓口に聞いてもらえないでしょうか。こちらで差し上げることはできません」とにべもなく断られた。

二〇一六年一二月二日付の私への不開示決定通知書は、防衛大臣名で発行されたものだ。つまり、防衛省として「日報はすでに廃棄して存在しない」と決定したのである。それが防衛省内に見つかったのであれば、ただちに不開示決定を取り消して開示するのが筋ではないか。防衛省内の縦割りの理屈は、私には関係ない話だ。統幕報道官室の杓子定規な対応に腹が立った。

防衛省は翌二月七日、各政党と同省記者クラブの加盟社に、河野議員に提出したものと同じ日報とモーニングレポートを公表した。

今度は内局の情報公開窓口に電話をかけて、「報道で知ったのですが、日報が見つかったみたいですね。あったなら不開示決定を取り消して、私にもいただけないでしょうか」と伝えた。

すると、担当者は申し訳なさそうに「布施さんが報道で知ったというのも、おかしな話なのですが……」と断った上で、「今、部内で対応を検討していますので、対応が決まり次第、連絡します」と答えた。統幕の報道室よりは対応はいささか丁寧ではあったが、やはり今すぐ日報を渡すことはできないという回答だった。

結局、防衛省が私に対する日報の不開示決定を取り消したのは、この二日後の二月九日であった。

言葉には出さなかったが、最初に河野議員（自民党行革推進本部）に持って行ったのはやむを得ないにしても、開示請求者である私よりも先に記者クラブに公表するのはおしかしこれで防衛省の対応には不信感を抱いた。恐らく、こちらから電話しなければ、統幕で日報が見つかった経緯についての説明もなかったことだろう。情報公開という制度が非常に軽んじられ、国民の一人として馬鹿にされているような気がした。

しかも不可解なことに、すぐに開示できるのは、私が開示請求した七月七日から一二日までの六日分の日報のうち一一日と一二日の二日分だけだというのだ。理由は、残りの四日分は不開示情報の黒塗り作業がまだ終わっていないからだという。残りの四日分の公表は二月一三日にずれこんだ。

不自然な「一か月の遅れ」

一方、稲田大臣は二月九日の衆議院予算委員会で、二〇一六年一二月一六日に日報廃棄の報告を部下から受けた際に「経験則に照らして（日報は）残っているんじゃないのか」と思い再探索を指示したこと、その後一二月二六日に統合幕僚監部で日報の存在が確認されたものの、自分にそのことが報告されたのが二〇一七年一月二七日であったことを明らかにした。つまり、大臣の指示で再探索が行われた結果、統幕で日報の存在が確認されていたにもかかわらず、約一か月間、大臣に報告が上げられなかったというのである。

統合幕僚監部は、陸、海、空の三つの自衛隊を一元的に運用する、いわば自衛隊の「最高司令部」である。防衛大臣の自衛隊への指示・命令はすべて統合幕僚長を通じて出され、その執行の責任者は統合幕僚長である。よって統幕は、自衛隊を運用する上で、防衛大臣と最も緊密な連携が求められる機関だ。

その統幕で、本来ただちに大臣に報告を上げるべき重要な情報が一か月間もたなざらしにされていたということになる。自衛隊の作戦に関する案件ではないとはいえ、国防を担う防衛省・自衛隊のガバナンスに不安を抱かせる事実に対し、野党は、稲田大臣が省内を掌握できていないのではないかと厳しく追及した。

これには、菅官房長官も「あまりに怠慢。発見してまず大臣に報告すべきだった。厳重注意に値する」（二月九日の記者会見）と防衛省の対応を強く非難した。稲田大臣も、「すぐに報告を上げるべきだった」として、統幕に対して厳しく指導、注意したことを明らかにした。

しかし、「指導、注意」で済む話なのか。報告が一か月遅れたことで、一月二四日の衆議院本会議で安倍首相は日報が防衛省に存在していない前提で答弁している。その答弁原稿の作成は、防衛省では統幕の参事官付（註：参事官とそのスタッフの部署）が担当したという。つまり、自らの部署で日報が見つかっていたにもかかわらず、そのことを報告せず、首相に日報がない前提の答弁をさせたのだ。本来なら、首が飛んでもおかしくないケースだろう。私には、稲田大臣が統幕の担当者たちをかばおうとしているようにしか思えなかった。

この問題を二月一四日の衆議院予算委員会で、民進党の辻元清美《つじもときよみ》議員が追及した。

「一月二四日というのは、この一か月前の一二月の二六日に、既に防衛省では、日報はあった、この記録はありましたと確認をしているわけですね。そして、その確認された約一か月後に、志位代表質問で、この戦闘と書かれた記録、日報があるかどうか問われ、ないことを前提にした答弁をしているわけですよ。これは問題じゃないですか。普通、代表質問への答弁は、関係部局、そしてこの場合は統合幕僚監部、そしてさらには官邸も含めて、総理への代表質問の答弁は調整をするはずです。一か月前にこのいわゆる日報があるということは確認されているのに、一月二四日、志位代表質問での答弁では、ないとしていた。これは組織ぐるみの隠蔽ではないですか」

これに対して稲田大臣は、自分に日報が見つかったと報告があったのは一月二七日だったので、一月二四日の総理答弁については「破棄をしたという前提で見ていたので、まったく違和感は感じなかった」と答弁した。

辻元議員は、大臣はまったくの「蚊帳の外」で、大臣の知らないところで防衛省の内局と統合幕僚監部が相談し、日報が見つかっていたことを隠して嘘の首相答弁を作ったということかと迫った。

稲田大臣は、これを否定することはできなかった。そして、「そういった点も含め、大臣の指示を受け再探索し、文書が発見され開示に至った経緯、この点についての事実関係はしっかりと調査してまいりたい」と話した。

一方、報告が一か月間遅れた理由については、統幕が「どの部分を不開示とすべきかの判断に時間を要した」からだと説明し、決して隠蔽を意図したものではないと強調した。

しかし、この説明は明らかに不自然だった。

そうであれば、二月六・七日に公表する時点で、なぜ二日分しか黒塗りの作業が終わっていなかったのか。一月二七日に稲田大臣に報告した段階で、どこを不開示とするか決まっていれば、それから一〇日間で六日分の日報の黒塗り作業を行うのは容易だったはずだ。どう考えても辻褄《つじつま》が合わない。そもそも、大臣に報告するのに黒塗りは必要ない。黒塗りは、大臣に報告してからやればいいことだ。

本当は、一二月二六日に統幕で日報の存在が確認されてから、それを開示するかしないかについて、内部でさまざまな駆け引きや調整が行われていたのではないか。だから、大臣への報告が一か月後になってしまったのではないか。大臣に報告した後に、日報の

南スーダンPKO日報問題の流れ

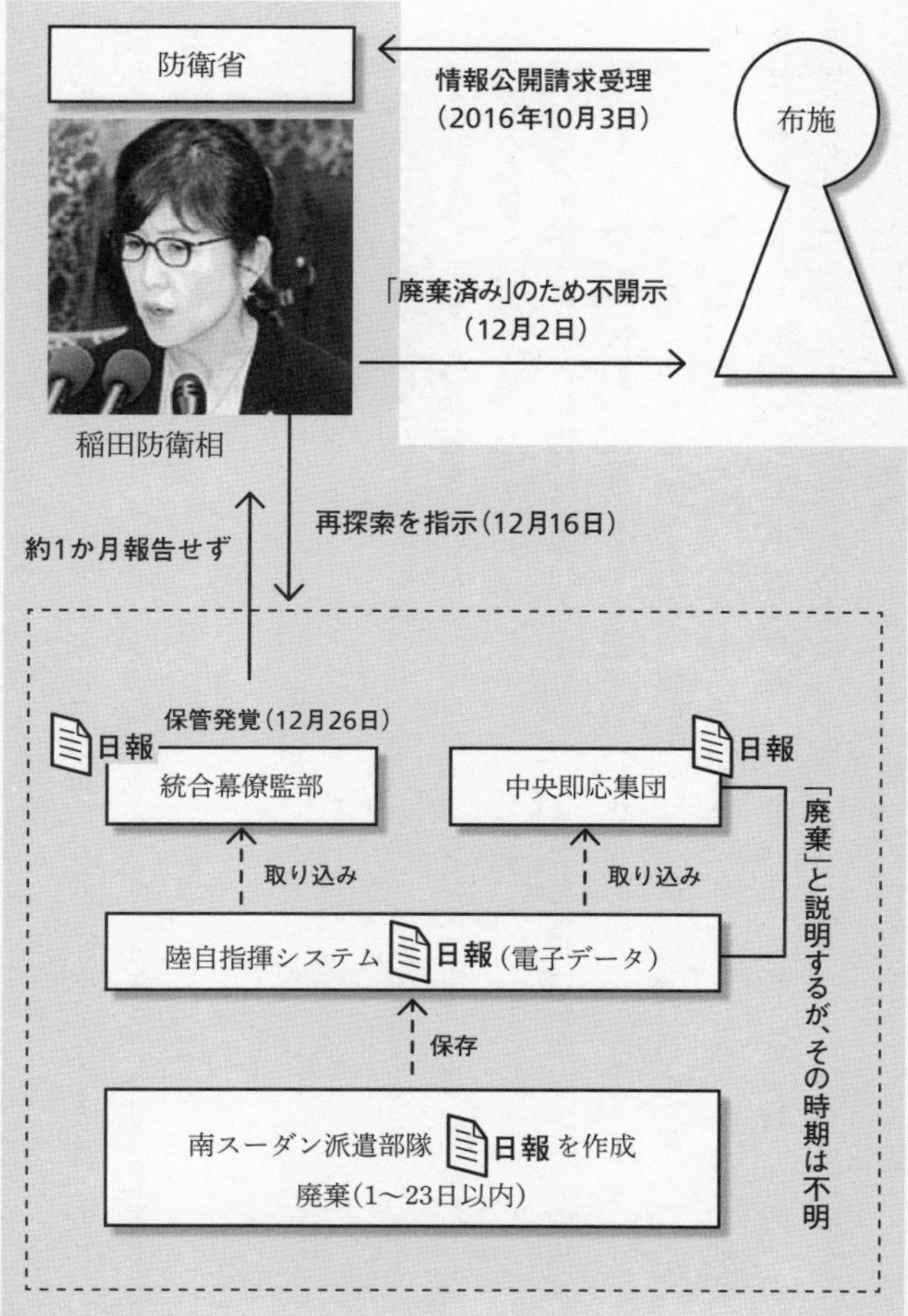

共同通信提供の図版（2017年2月18日配信）を基に作成

どこを不開示とすべきかの検討に入ったのではないか。

防衛省が、黒塗り作業が間に合わず最初に二日分の日報しか公表できなかったのは、日報を公表することが最終決定されたのが直前であることを示しているように私には思えた。

日報に記された七月のジュバ戦闘状況

開示された日報は、いずれもA4用紙で五〇頁以上あり、図表も多用していて丁寧に作成されていた。すぐに廃棄するものであったら、こんなに丁寧に作らないだろうな、というのが第一印象であった。

そして、予想通り、日報には二〇一六年七月のジュバ争乱時に自衛隊宿営地周辺で繰り広げられた激しい戦闘の状況が詳しく記録されていた。

七月一一日の日報を開くと、冒頭から「戦闘」の文字が目に飛び込んでくる。例えば、「ジュバ市内の情勢」について、「ジュバ市内でのSPLAとSPLA－ioとの戦闘が生起したことから、宿営地周辺での射撃事案に伴う流れ弾への巻き込まれ、市内での突発的な戦闘への巻き込まれに注意が必要」と記している。政府は「戦闘」を否定してきたが、現場の部隊はやはり「戦闘」と認識していたのだ。

1

28. 7. 111800c
南スーダン派遣施設隊

南スーダン派遣施設隊　日々報告
第１６３９号

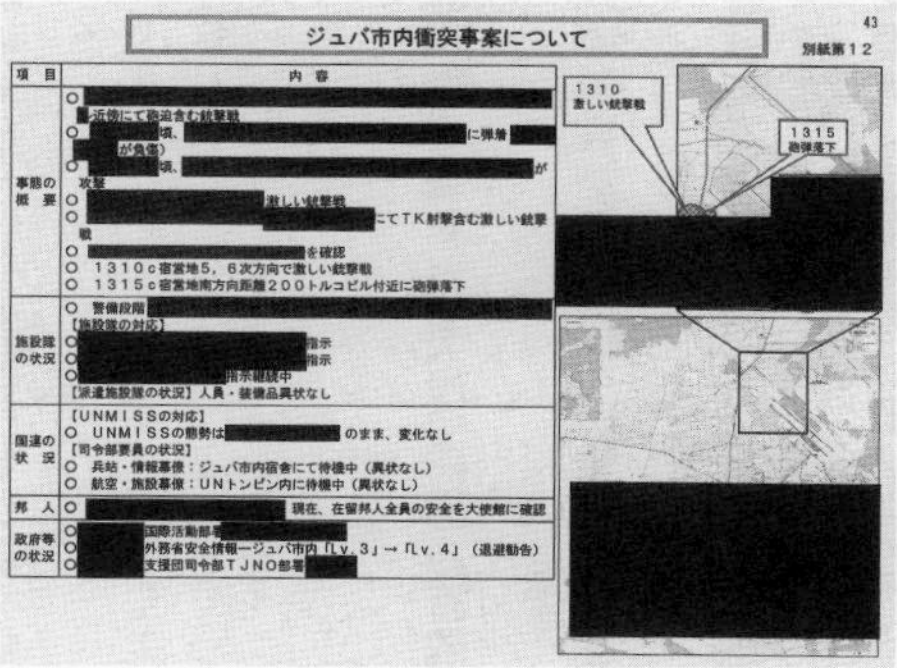

43

別紙第１２

ジュバ市内衝突事案について

項目	内容
事態の概要	○ [redacted] 近傍にて砲迫含む銃撃戦 ○ [redacted] 頃、[redacted] に弾着 [redacted] が負傷） ○ [redacted] 頃、[redacted] が攻撃 ○ [redacted] 激しい銃撃戦 ○ [redacted] にてＴＫ射撃含む激しい銃撃戦 ○ [redacted] を確認 ○　１３１０ｃ宿営地５，６次方向で激しい銃撃戦 ○　１３１５ｃ宿営地南方向距離２００トルコビル付近に砲弾落下
施設隊の状況	○　警備段階 [redacted] 【施設隊の対応】 ○ [redacted] 指示 ○ [redacted] 指示 ○ [redacted] 指示継続中 【派遣施設隊の状況】人員・装備品異状なし
国連の状況	【ＵＮＭＩＳＳの対応】 ○　ＵＮＭＩＳＳの態勢は [redacted] のまま、変化なし 【司令部要員の状況】 ○　兵站・情報幕僚：ジュバ市内宿舎にて待機中（異状なし） ○　航空・施設幕僚：ＵＮトンピン内に待機中（異状なし）
邦人	○ [redacted] 現在、在留邦人全員の安全を大使館に確認
政府等の状況	○ [redacted] 国際活動部署 [redacted] ○ [redacted] 外務省安全情報ージュバ市内「Lv．３」→「Lv．４」（退避勧告） ○ [redacted] 支援団司令部ＴＪＮＯ部署 [redacted]

開示された二〇一六年七月一一日の日報の一頁（全五六頁）。かなりの部分が黒塗りされているが、現地の緊迫した状況がわかる。

少なくない部分が「公にすると自衛隊の能力、警備態勢、運用要領が推察される」などの理由で黒塗りにされていたが、黒塗りされていない箇所からも現地の緊迫した状況が伝わってきた。それは、現地メディアや国連などが伝えていた当時の緊迫した状況と符合する内容だった。

さらに、この日の戦闘の状況を報告する「ジュバ市内衝突事案について」というタイトルの頁に以下のような記述があった。

事態の概要

○[redacted]近傍
にて砲迫含む銃撃戦

○[redacted]頃、[redacted]に弾着[redacted]が
負傷）

○[redacted]頃、[redacted]が攻撃

○[redacted]激しい銃撃戦

○[redacted]にてTK射撃含む激しい銃撃戦

○[redacted]を確認

○一三一〇C宿営地五、六次方向で激しい銃撃戦

○一三一五Ｃ宿営地南方向距離二〇〇トルコビル付近に砲弾落下

時系列でこの日に起こった戦闘の状況の概要を列挙したものだが、「激しい銃撃戦」が連続して発生している。この横にはジュバ市内の地図が示されており、これらの戦闘がいずれも自衛隊宿営地のすぐ近くで起こったことが読み取れる。

「砲迫」とは、大砲や迫撃砲のことを指す。「ＴＫ射撃」とは、タンク、つまり戦車砲による射撃だ。小銃などの小火器だけでなく、迫撃砲や戦車などの重火器も使われての激しい戦闘が繰り広げられたのだ。しかも、砲弾が着弾し、黒塗りされていて誰かは不明だが負傷者も出ている。「トルコビル」とは、共同通信や朝日新聞の記者が取材した自衛隊宿営地の真横に建っているビルのことだ。この付近、宿営地から二〇〇メートルの地点にも砲弾が落下している。

これだけでも、「散発的な発砲事案」などではなく、戦車砲や迫撃砲の重い着弾音が地面を揺らすような激しい戦闘であったことが窺える。

さらに、防衛省が二月九日に民進党に提出した、統合幕僚監部が二〇一六年七月一一日に大臣報告用に作成した文書には、次のような記述もあった。

一〇日一二一〇頃以降、日本隊宿営地南西約五〇ｍ付近で激しい銃撃戦が発生。流

れ弾が宿営地にも飛来した模様

宿営地から五〇メートルの距離で激しい銃撃戦があれば、当然、流れ弾が飛んでくるはずだ。それも一発や二発ではないだろう。幸運にも隊員に当たらなかったとしても、建物が被弾している可能性は高い。そう思ったが、日報にそのような記述は見当たらなかった。あったとしても、おそらく黒塗りされているのだろう。

日報を基に中央即応集団が作成した七月一一日付のモーニングレポートは、前日の一〇日の戦闘の状況をこう記している。

トルコビル南側付近で小銃及び砲迫又はＲＰＧの射撃音
ウエストゲート付近で激しい戦闘確認
トルコビル左下に着弾（ランチャーと思われる）
宿営地南側方向、連続的な射撃音
トルコビルに対し戦車砲を射撃、トルコビル西端に命中

公表された日報やモーニングレポートを読みながら、私は体が強張《こわば》るのを感じた。ジュバで大規模な戦闘が勃発した二〇一六年七月初めの数日間は、自衛隊が一九五四年の

創隊以来、最も「戦場」に近づいた瞬間だったのではないか。いや、「近づいた」どころか、まさに戦場のど真ん中に置かれていたことを防衛省が公表した文書は示していた。

さらに日報には、政府の自衛隊派遣のロジックを掘り崩す決定的な記述があった。七月一一日の日報で、UNMISS（国連南スーダン派遣団）が宿営地地区に避難民を受け入れたことで、「SPLAによるUN施設方向への攻撃には引き続き注意が必要」と強調しているのだ。

日本政府は、南スーダン政府が国連PKOの受け入れに同意していることからSPLAがPKO部隊を攻撃してくることは考えにくく、自衛隊とSPLAが交戦になるような事態は起こらないと説明してきた。しかし、現地の部隊は、SPLAがPKO部隊の宿営地を攻撃する可能性を認識していたのだ。

開示された日報を読んで私が最も強く思ったのは、このような現地の激しい戦闘の実態や派遣部隊の厳しい情勢認識が二〇一六年七月の段階で公にされていれば、自衛隊の派遣期間延長や新任務付与は果たしてできたのだろうかということであった。

逆に考えると、だからこそ日報は隠されたのではないか。派遣部隊が作成した日報において政府の説明と矛盾する南スーダンの厳しい実態が明らかになれば、安倍政権が重視する新任務付与が困難になるかもしれない。それを回避するために、意図的に日報を隠し、情報公開しないようにしたのではないか──そんな疑念が頭をもたげた。

二〇一七年二月一〇日の東京新聞は、自衛隊宿営地周辺での激しい戦闘の実態が日報に記されていたことについて、南スーダンで活動を行っている派遣隊員の家族の反応を伝えた。

四〇代の息子が現地で道路整備などを担当している青森県藤崎町の男性は「防衛大臣が『戦闘』を『武力衝突』と言葉を言い換えて、現地が安全かのように表現するなんて、国民をばかにしている」と憤り、二〇代の息子が派遣中の青森市の男性は「戦闘があったと認識しているなら、家族に報告するのが筋だ。不安を抱えながら送り出した家族を何だと思っているのか」と語気を強めたという。

いずれも、極めて当然の反応であった。彼らは派遣そのものに反対しているのではない。日本政府が真実を偽って自衛隊を派遣したことに憤っているのだ。

日報が公表された直後には、北海道千歳市に住む、ある自衛官の家族から私のもとに連絡があった。二〇代の次男が陸上自衛隊に勤めるその女性は、新任務付与の閣議決定が行われた直後に、国を相手に自衛隊の南スーダンＰＫＯ派遣の差し止めを求める訴訟を起こしていた。以前インタビューをした時には、内戦状態の南スーダンに「息子が送られるかもしれないと思うと胸が苦しくなる」と、不安を打ち明けてくれていたが、日報に激しい戦闘の状況が記されていたことを知り、「防衛省はこれまで隊員家族に対し、武力紛争に巻き込まれることはないなどと説明してきたが信用できない」と怒りを隠さなかった。

稲田大臣は、日報という文書の隠蔽は否定した。しかし、政府が日報に書かれている激しい戦闘の実態を隠し、言葉の「印象操作」で事態を軽く見せようとしてきたことは紛れもない真実だ。この罪は重い。それが意図的な隠蔽であれば、なおさらだ。

なぜ「戦闘」ではなく「武力衝突」なのか

二〇一七年一月二〇日に開会した通常国会は当初、犯罪を計画した段階で処罰する「共謀罪」関連法案（組織的犯罪処罰法改正案）がメインイシューになるかと思われた。安倍政権は、「内心の自由を奪う」などと反対論が強く過去三回廃案になった「共謀罪」を、この通常国会で成立させようとしていた。

だが、防衛省がいったん「廃棄して存在しない」とした南スーダンＰＫＯ派遣部隊の日報が見つかったことで、この問題がいっきに国会論戦の焦点に浮上した。私のところにも野党各党の議員からたびたびコンタクトがあり、事実関係の問い合わせや国会質問などへの意見を求められた。以後、国会議員・秘書とマスコミへの対応が私の生活のかなりの時間を占めるようになる。

国会で野党が追及したのは、主に次の二点であった。

①　日報に書かれている激しい戦闘の状況からすれば、ＰＫＯ参加五原則が成立していないことは明らかであり、自衛隊を撤収するべきではなかったのか。
②　防衛省が当初、日報を「廃棄して存在しない」として不開示にしたのは、組織的な隠蔽だったのではないか。

前者については、二月九日の朝日新聞に掲載された「向こう（野党）が実態論で攻めてきてもこっちは法律論でかわすだけ」という「防衛省幹部」のコメント通り、政府は徹底して南スーダンの実態論議から逃げた。実態論議では不利になることを理解していたのだろう。

日報問題の最初の論戦となった二月八日の衆議院予算委員会で、民進党の小山展弘《こやまのぶひろ》議員が「（日報には）戦車や迫撃砲を用いた激しい戦闘があったと書かれている。戦闘があったことを認めるか」と稲田大臣に迫った。

これに対し稲田大臣は、「法的意味における戦闘行為は、国対国、国又は国準との間の国際的な武力紛争の一環として行われる人を殺傷し又は物を破壊する行為のこと」だとして、政府はマシャール派が「国準」に該当すると考えていないので「いくらその文書（日報）で『戦闘』という言葉が一般的用語として使われたとしても、法的な意味での戦闘行為ではない」と答えた。

「PKO五原則（に基づき自衛隊撤収）を検討しなければいけないような状況ではなかったのか」との質問にも、「当時のマシャール派の状況から見て、国又は国準と評価できるような支配系統そして支配領域を有している勢力ではなかった。したがって、国際的な武力紛争の一環として行われる人を殺傷し又は物を破壊するような行為、戦闘行為が行われていたとは評価できず、PKO五原則は守られていたと考えている」と同様の答弁を繰り返した。

この論戦の中で、稲田大臣の口から、驚くべき答弁が飛び出す。

「事実行為としては、武器を使って人を殺傷したりあるいは物を壊す行為はあったが、それは国際的な武力紛争の一環として行われるものではないので、法的意味における戦闘行為ではないということであります。そして、国会答弁する場合には、（中略）憲法九条上の問題になる言葉を使うべきではないということから、（中略）武力衝突という言葉は使っております」

これには、私も唖然《あぜん》とした。憲法九条上の問題になるのであれば、本来は活動を中止しなければならないのに、言葉の言い換えによってそれを回避するというのは本末転倒である。この発言には、野党も強く反発した。

結局のところ、日本政府は最初から「派遣継続ありき」で、派遣部隊が銃声とどろく中で日報に記した激しい戦闘の事実を、独自の恣意的な解釈のフィルターにかけて握りつぶしてしまったのである。

さらに驚いたのは、こうした国会での論戦を受けて河野克俊《かわのかつとし》統合幕僚長がとった対応である。河野統幕長は二月九日の定例会見で、「現地部隊の目の前で弾が飛び交っており、彼らは法的意味を含ませずに『戦闘』という言葉を使った。自分たちの感覚、表現として（日報に）上げてきた」とした上で、「（「戦闘」の表現を使えば）こういう議論に発展する可能性がある。使ってはいけないということではないが、意味合いをよく理解して使うよう」口頭で指示したことを明らかにしたという（「東京新聞」二月一〇日朝刊）。

現地の部隊が、自分たちの目で見て、耳で聞いたままの感覚で日報を書くのは当然のことだ。そうでなければ、現地の一次情報を上げる日報の意味はない。「戦闘」と書いたら日本の国会で議論になってしまうから注意しなさいなどと派遣部隊に指示するのは、あまりにもナンセンスだと思った。

この後も国会では、「戦闘」という言葉をめぐる平行線の議論が延々と繰り返される。

二月一四日の衆議院予算委員会では、安倍首相が民進党の後藤祐一議員の質問に対し、こう「反論」した。

「そもそも戦闘ということについては、（中略）スーダンが南スーダンを爆撃した、（平成）二四年、これは民主党政権ですよ。あのときも（日報には）戦闘と書かれていましたが、戦闘行為はなかったというのが野田総理の、野田政権の閣議決定した答えじゃないですか。（中略）今それと同じことが起こっているだけにすぎないということを私は申し上げておきたいと思います」

第一次派遣施設隊が活動中の二〇一二年四月、スーダンと南スーダンの国境付近にあるヘグリグ油田の帰属をめぐって両国の間で戦闘が勃発する。南スーダン軍が越境してスーダン側の油田地帯へグリグを制圧。これに対してスーダン軍はヘグリグ奪還のために地上部隊を派遣するとともに、南スーダン北部ユニティ州の州都ベンティウを空爆する。

この時、当時野党であった自民党の佐藤正久参議院議員が、「南スーダンで武力紛争が発生していることにならないのか」と質問主意書で日本政府の見解をただした。

これに対して、野田内閣は、「南スーダン政府及びスーダン政府の意思等を総合的に勘案すると、現状においては、UNMISSの活動地域において武力紛争が発生してい

ると は考えていない」との答弁書を閣議決定した。そして、この解釈に基づいて、自衛隊の派遣を継続したのである。

安倍首相は当時のことを持ち出して、平たくいえば〝民進党だって政権にいた時に同じことをやっていたでしょ〟と反論したのである。しかし、「同じことが起こっているだけにすぎない」という発言はいただけない。民主党政権でも同じようなことをしていたから問題ない、とはならないはずだ。

私は、当時の野田政権の判断にも、今の安倍政権の判断にも問題があると思っている。根本的には、自衛隊の活動地域で武力紛争が発生しているかどうかの事実認定を、政府の恣意的な解釈でいかようにもできてしまう点に大きな問題がある。与野党を超えて、そのような本質的な論議を深めてもらいたかったが、残念ながらそうはならなかった。

ファクトを軽んずる防衛大臣

もう一つの論点、隠蔽はあったのかなかったのかという点については、稲田大臣は最初から隠蔽を強く否定した。

まず、防衛省が河野議員に日報を提出した翌日（二月七日）の記者会見で、神奈川新聞の田崎記者の質問に対し、「（陸自では）法令に基づいて廃棄をしていた、これは法律上は問題がないということなので、隠蔽ではない」と説明していた。

その二日後の二月九日の衆議院予算委員会でも、「日報は、随時発生し、短期に目的を終える文書として保存期間を一年未満としており、その作成目的上、派遣施設隊長から中央即応集団司令官への報告が終了した時点で目的を達したことから、（関係法令、規則に基づいて）紙、電子媒体を問わず廃棄をした」として、「隠蔽するという意図はまったくなかった」と強調した。

つまり、こういうことだ。私の開示請求に対しては、日報を作成する南スーダン派遣部隊と報告先の中央即応集団司令部を探索した結果、この両者では「保存期間一年未満、用済み後廃棄」という運用ルールに従って廃棄されていたので不開示決定とした。その後、探索範囲を広げてもう一度探してみたところ、統合幕僚監部で見つかった。だから、これは意図的な隠蔽ではなく、当初の探索範囲を派遣部隊と中央即応集団司令部に限定してしまった情報公開の手続きに問題があった――というわけである。

しかし、海外派遣という実任務の貴重な一次資料であり、陸自の他の部隊でも今後の派遣に向けた「主要教訓資料源」として活用されている日報が、軽微な文書に適用する「一年未満」の保存期間で扱われていること自体、極めて不可解だった。

しかも、開示された日報には「保存期間一年未満」の記載もない。通常、この手の報告文書の表紙には「保存期間○年、○○○○年○月○日まで」と明記されているが、日報には何も書かれていない。知り合いの自衛官に聞いても、「一年未満」の文書でも通常は月末までとか年度末までとか具体的な保存期間を設定するという。防衛省の説明では、日報はそれすら設定されておらず、「用済み」になったら廃棄するという運用方法でどんどん廃棄されていたというのだ。あまりに不自然である。

南スーダン派遣部隊では、日報を作成して陸自指揮システムにアップロードした段階で「用済み」、中央即応集団司令部では、陸自指揮システムから日報をダウンロードし、それを元に「モーニングレポート」という司令官報告文書を作成した段階で「用済み」とみなしていたという。これでは、最短で作成翌日に廃棄してもよいことになり、国民がいつ情報公開請求しても、「すでに廃棄しており文書不存在」という決定が出せてしまう。究極の「情報公開逃れ」の手口ではないか。

この他にも、稲田大臣の答弁には根拠が不明確なものが多かった。野党の民進党は、陸自指揮システム上の掲示板にアップされていた日報データがいつ削除されたのかを問題にした。もし削除されたのが私の開示請求の後だとしたら、隠蔽の疑いが強まるからである。

民進党は二月九日、日報データを削除した日時がわかる履歴（ログ）を提出するよう防衛省に要求した。これに対し、防衛省は二月一六日、陸自指揮システム上の掲示板はデータ削除のログが残らない仕様になっているとして、削除の日時は特定できないと回答した。

これでは、本当に日報が廃棄されていたかどうかも確認のしようがない。それに、陸自の指揮システムが本当に、重要な文書を誰がいつダウンロードしたり削除したのかを後から確認できない仕様になっているとしたら、それこそ大問題ではないか。

この二日前、二月一四日の衆議院予算委員会で、稲田大臣は日報の電子データを廃棄したのは「(二〇一六年)一〇月三日(私が行った日報の開示請求を防衛省が受け付けた日)よりも前と承知している」と答弁していた。陸自指揮システムが本当にログが残らないシステムだとしたら、稲田大臣は何を根拠にして廃棄は一〇月三日よりも前と断言したのだろうか。

二月一七日の衆議院予算委員会で民進党の玉木雄一郎議員がその疑問をぶつけると、稲田大臣は「日報の作成元である派遣施設隊及び報告先の中央即応集団司令部から使用目的を達成し廃棄したとの報告に基づいて、一〇月三日の開示請求受領日より前に廃棄されていると申し上げた」と答えた。つまり、自ら裏付けとなるファクトを確認したのではなく、「廃棄した」と言った派遣部隊と中央即応集団司令部からの報告に基づいて、そう答えたというのだ。

隠蔽の疑惑が向けられている部署からの報告を根拠に「隠蔽ではない」と言われても、誰が納得できるだろうか。稲田大臣は、防衛省に向けられた疑惑について説明責任を果たす気があるのかと思わざるを得ない答弁だった。

調査委員会の設置見送り

さらに、疑惑を強めたのが、調査委員会の設置見送りである。

野党は、防衛省がいったん「廃棄した」と説明した日報が後から出てきた一連の経緯について、真相を明らかにするために、防衛省外部の人間も入れて徹底した調査を行うよう要求していた。

しかし、二月一七日の朝日新聞に、「『日報』調査委の設置断念/防衛省、与党の反対で」という記事が載った。稲田大臣が省内に日報問題に関する調査委員会を設置することをいったんは決断したものの、与党の反対で断念していたことがわかったという。

記事によれば、稲田大臣は二月一四日の閣議後会見で調査委員会の設置を発表する予定だったが、その日の朝に開かれた衆議院予算委員会の与党理事らが集まった会合で状況が一変。防衛省の担当者が調査委員会設置の概要を記したペーパーを配布し、説明したところ、与党理事らは「内輪の話に調査委なんて必要ない」などと一斉に反発し浜田靖一《やすかず》委員長も難色を示したという。その後、担当者から報告を受けた稲田大臣は調査委員会の設置を見送ったというのだ。

二月二〇日の衆議院予算委員会で、民進党の長妻昭《ながつまあきら》議員がこの経緯について質問した。

朝日新聞の報道内容を否定する稲田大臣に長妻議員が「今後、調査委員会はもう設置しないのか」と迫ると、稲田大臣は明らかに不満そうな表情でこう答えた。

「何度も申しますけれども、破棄したことは違法じゃない。そして、不開示にして、捜索して公表したことも違法じゃないですよね。適法です。情報公開の趣旨にのっとっているんです。しかし、私が指示をして見つかってから一か月もかかってしまった。その点については、しっかり私は今調査しています。しっかりと事実確認しております」

質問に答えない稲田大臣に、長妻議員が「だから、調査委員会を設置しないのか」と口を挟む。

「それは委員会をつくるとかじゃなくて、しっかり私がそれを事実確認しているんです。そして、ここでの議論などを踏まえて、再発防止の、そしてまた公文書管理、そもそも破棄するという対応でよかったのか、これも民主党政権で決められたことですけれども、そういうことも含めて、今、しっかりと指導してまいりたいと思っております」

要するに、調査委員会を設置するつもりはないという答弁だった。稲田大臣は、日報の廃棄は適法に行われ隠蔽ではないと最初から決めてかかっていた。だから、「しっかりと事実確認している」と述べたのも、一二月末に統幕で日報の存在が確認されながら大臣への報告が一か月遅れた問題についてだけであり、野党が追及した陸自での日報隠蔽の疑惑については調査する気はないようだった。長妻議員は「非常にがっかりした」と言って質問を終えたが、私もまったく同じ気持ちだった。

政府や防衛省にとっても、本当に隠蔽ではないのであれば、稲田大臣がひたすら「隠蔽ではない」と国会で繰り返すよりも、第三者を入れるなどして客観性を担保した形で調査を行い、ファクトでもって疑惑を晴らした方がいいはずだ。それをしないというのは、かえって疑惑を増幅させて国民の信頼を損ねかねない。組織の危機管理のあり方としても、良くない。そんな当たり前のこともわからないのか。それとも、隠蔽が発覚するのを回避しようとしているのだろうか。

統合幕僚監部の隠蔽疑惑

もう一つ、大きな論点となったのが、統合幕僚監部による隠蔽疑惑だった。

稲田防衛大臣は当初、防衛省は私の開示請求に対して陸自の文書だから陸自だけを探索し、統幕にあった日報を探し切れなかったと説明していた。しかし、それを覆す事実が次々と判明する。

実際には、陸自が日報をすでに廃棄したという報告を大臣官房文書課（情報公開を担当する部署）に上げた後、同課から統幕に対して「日報は不開示決定でよいか」という照会が行われ、統幕は「意見なし」と回答したというのだ。つまり、統幕は、日報があるのに、そのことを申し出ずに不開示決定を了承したことになる。朝日新聞が二月一〇日の朝刊で報じ、防衛省も認めた。

さらに、重大な事実が二月一七日に判明する。

統幕は当初、たまたま陸自指揮システムへのアクセス権限を与えられた職員が執務の参考資料とするために個人的にダウンロードしていた日報のデータが発見されたかのように説明していたが、真実はそうではなかった。この日、南スーダン派遣開始以来五年間にわたるすべての日報データが、統幕内の二つの部署の共有フォルダに複数のファイルに枝分かれした形で保管されていたことを明らかにしたのだ。

二つの部署とは、自衛隊制服組を中心とする運用第二課と背広組（防衛官僚）を中心とする参事官付であった。これらの部署では、統幕長への報告文書や省内に配布する南スーダン派遣施設隊の「活動概要」を作成する際の基礎資料として日報を用いており、歴代の担当者の間で引き継がれて保管されてきたという。たまたま職員が個人的に保管していたものが発見されたなどという話では、まったくなかったのだ。

しかし、統幕に派遣開始以来すべての日報データが保管されていたというのは、何も驚くことではない。そもそも、南スーダンPKOの自衛隊のオペレーションに関しては、統幕が統括している。その統幕に、日報が保管されていないはずがないのだ。この事実を知ってすぐ、私は次のようにツイッターに投稿した。

〈これまでの日報のすべてを統幕の複数の部署が保管し、歴代の担当者で引き継がれ業務に使用されていたのは、これが自然だと思います。当然、統幕だけでなく、南スーダン派遣施設隊を指揮する陸自の中央即応集団司令部にも保管されていると考えるのが自然ですよね。まだ出てくるんじゃないでしょうか〉

私は、陸上自衛隊にも日報が保管されていることを確信していた。

統幕にすべての日報データが保管されていたことが判明したことで、野党は、統幕は日報があることを把握していながら不開示決定を了承していたのではないかと追及を強めた。

二月二〇日の衆議院予算委員会で、稲田大臣は民進党の後藤祐一議員の質問に対し、統幕が不開示決定を了承するまでに、参事官付の複数の職員が決裁を行ったとしぶしぶ認めた。

問題は、その中に日報の存在を知る職員がいたかどうかだ。例えば、参事官付の中で南スーダンＰＫＯを担当する国外運用班の職員は、当然日報の存在を認識していたに違いない。後藤議員は、決裁に何人の職員が関わったのか、最終的にどのレベルまで上がって日報の不開示を了承したのかを尋ねた。

核心に迫る質問に、稲田大臣は徐々に追い詰められていった。

後藤議員「では、統幕として決裁する間に一体何人の方がかかわったんですか。大体の数で結構ですから。あるいは、どのレベルまで上がって決裁をしたんですか。お答えください」

稲田大臣「企画調整官まで上がったということでございます」

後藤議員「企画調整官まで上がる人の中で、日報の存在を知っていた方はいらっしゃらないんですか」

稲田大臣「通告もいただいておりませんので、その人数についてお答えは現時点でできません」

後藤議員は「大まかでいいと言っているんですよ。いたのか、いなかったのかを聞いているんですよ」と語気を荒らげた。そして、再度、同じ質問。稲田大臣は「いちいちその人たちに確認しているわけではないので、答えは差し控える」と返す。これに対し後藤議員は、統幕の組織的隠蔽が疑われているのに、そんな重要なことも確認しないまま「隠蔽はない」と答弁してきたのかと批判する。

稲田大臣が追い詰められ、平静でいられなくなっていることは、もはや表情からも明らかであった。

稲田大臣「大きな流れを見てくださいよ。まず、これは破棄することになっていた文書です。それは南スーダン派遣をさせた皆さんの政権で決めて、用済み後破棄。破棄したことは何にも問題ないんです。そして、破棄して、不開示にして、でも、あるんじゃないのと言って、捜索して見つけて、出したじゃないですか。自発的に出したじゃないですか、だから隠蔽じゃないんです。隠蔽じゃないからこそ出しているんです」

後藤議員はさらに食い下がり、決裁した人数はわからなくても、その中に日報の存在を知っていた人がいたかどうかだけでも答えるように求めた。先ほどは「確認していないので答えは差し控える」と述べた稲田大臣であったが、今度は「隠蔽はしていないので、その時点で知っているという認識をした人はいないと思う」と答えた。

これは、もう駄目だと思った。自ら確認もせずに、隠蔽していないという結論ありきで「いないと思う」では話にならない。後藤議員が再度、「日報の存在を知っていた人はいないということを確認したのか」と確かめると、稲田大臣はそれには答えず、「統幕で決裁している過程で（日報の）存在を知っている者は当然いない。その後、私の指示で捜索して公表している。隠蔽はない、隠蔽していないんです」と結論ありきの答弁を繰り返した。

この後、稲田大臣は、統幕内で決裁した中に日報の存在を知っている職員はいないという報告を二月一六日に受けたことを明らかにした。つまり、自ら確認もせずに、隠蔽の疑いがもたれている部署からの報告を鵜呑《うの》みにしていたのだ。これは、陸自指揮システム上の日報データの削除日時を、根拠なく「一〇月三日よりも前と承知している」と答弁したのとまったく同じ思考回路であった。

後藤議員は、決裁に加わった職員が日報の存在を知っていたかどうかについて、調査をして結果を報告するよう稲田大臣に要求した。この当然の要求も、稲田大臣は「隠蔽でもないのに、私に対する報告をはなから疑う必要はない」と言って拒否した。もはや、隠蔽の事実を強引に隠そうとしているようにしか見えなかった。

統幕の日報隠蔽疑惑については、私にも、参事官付の職員に直接確認する機会があった。NGOの日本平和委員会が日報問題の真相究明などを求めて防衛省に申し入れを行った際、対応した職員の中に統幕参事官付で南スーダンPKOを担当していた松本隆治氏がいたのである。私もこれに同席していた。

松本氏に、「参事官付に日報がすべて保管されていたのに、なぜ（廃棄済みを理由にした不開示決定の案に）『意見なし』と回答したのか」と質問したところ、氏は「照会のあった昨年一一月は、新任務付与への対応などで多忙を極めていた。陸自の文書なので、陸幕が『ない』と言っているのなら、それでいいかと思ってしまった」と弁明した。にわかには信じられなかったが、これが事実であれば、そうと認めて再発防止策をとればよいではないか。私には、稲田大臣が統幕参事官付の職員たちをかばおうとしているようにしか見えなかった。

それに、最終的に文書を公表したから隠蔽ではないというのは、泥棒も最終的に盗んだ物を返せば犯罪ではないというのと一緒だ。そんな理屈が通用するはずがない。日報を隠蔽したことを隠そうとしているのか、これ以上この問題を引きずると共謀罪関連法案の成立など国会スケジュールに影響しかねないと判断したからか、その理由はわからなかったが、政府が問題の真相究明を行わないで強引に幕引きを図ろうとしていることは明らかだった。

この頃になると、国会論戦の中心や世間の関心は、大阪の学校法人「森友《もりとも》学園」に国有地が近隣地の一〇分の一という破格の値段で売却された問題一色となりつつあった。安倍首相が国会で「私や妻が関係していたということになれば、首相も国会議員も辞める」と発言したこともあり、野党各党も特別の調査チームを立ち上げて追及に力を入れた。

他方、日報問題は、政府が調査を拒んでいる以上、隠蔽を裏付ける新たなファクトが出てこない限り、追及しても同じ議論の繰り返しにならざるを得ない。私も正直、手詰まり感を抱いていた。

防衛省のある職員は「森友のおかげで、省内の雰囲気は『嵐が過ぎ去った』という雰囲気」と話した。

一方で、防衛省・自衛隊に誤りがあれば本来それを正すべき防衛大臣や首相が真相究明に背を向ける状況に、「シビリアンコントロール（文民統制）の観点から大いに問題。第二次世界大戦の時も、このようなことの積み重ねが国策の誤りを生んだのだと思う」と危惧を抱く職員もいた。

実は、日報問題が浮上して以降、私は複数の市ヶ谷の防衛省関係者と連絡を取り合うようになっていた。皆、立場は違っていたが、この問題に対して「真実を明らかにすべき」「責任を曖昧にすべきではない」との思いは共通していた。根底にあるのは、国民のために仕事をしたい、少なくとも国民を裏切るようなことは絶対にしたくないという官僚又は自衛官としての矜持《きょうじ》であった。

彼らの思いに触れ、私は、たとえ野党や世間の関心が薄れていったとしても、この問題の追及をしぶとく続けていこうと心に誓った。

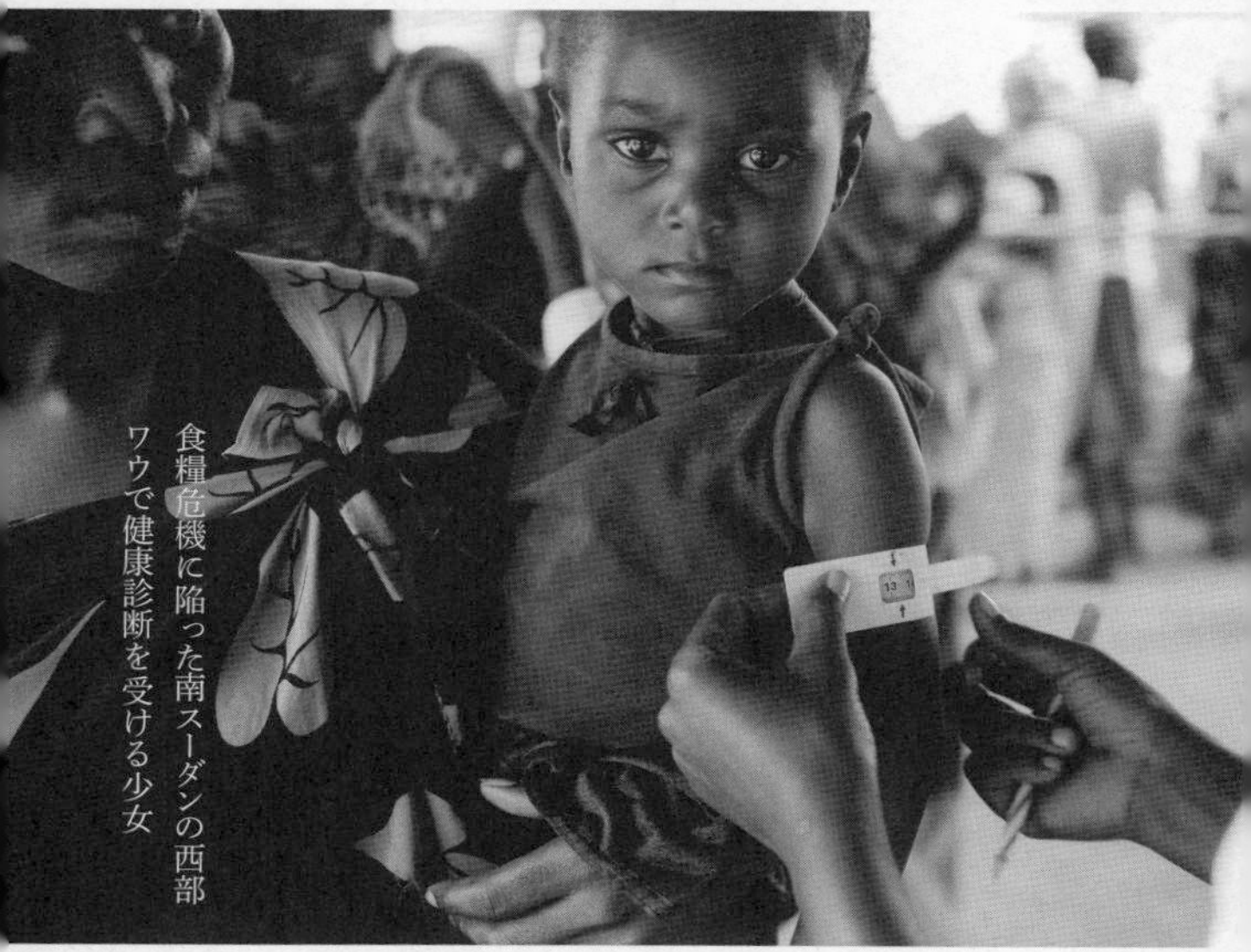

食糧危機に陥った南スーダンの西部ワウで健康診断を受ける少女

第8章 飢餓

三浦英之

二〇一六年一二月、南スーダン西部の拠点都市ワウは砂嵐が吹き荒れる寂寥（せきりょう）とした町だった。吹きすさぶ砂嵐の中で大きな荷物を頭上に乗せて一列になって歩いてゆく民族衣装姿の女性たちと、迷彩服姿の政府軍兵士を満載した軍用トラックが織りなす不寛容なコントラストに眼を奪われ、ザックの中から一眼レフを取り出そうとすると、「危険です」と同乗していた国連職員に制された。

「ここはジュバとは違います。国連施設外では絶対にカメラを出さないでください」

「車内からでもダメですか」

「相手を刺激しない方が賢明です」

我々はその時、車体の正面と側面に大きく「UN」と記された白色の国連車両に乗車していた。真正面から国連車両を襲ってくる政府軍はそういないのではないかと私は思ったが、国連職員は「ここはジュバではありません。ここでは国連は無力なのです」と私に再度警告した。

自衛隊が活動拠点を置く首都ジュバから国連機で約一時間半。私が西部ワウへと飛び込んだのは、ジュバでは南スーダンで今起きている「現実」が見えにくいためだった。

ジュバでは二〇一六年七月の大規模戦闘で反政府勢力がすべて政府軍によって駆逐されており、以来、大きな戦闘は発生していない。外国からの支援物資も徐々に届き始めており、市民生活は――インフレ率が八〇〇％に達し、食糧とガソリンが足りていないことを除けば――比較的平穏を保っているといえた。

一方、ジュバの外側は「地獄」だと報じられていた。

国連人権理事会の専門家チームは一一月下旬、西部ワウや北部ベンティウなどを約一〇日間かけて視察し、次のような報告書を発表していた。

「複数の地域ですでに民族浄化（Ethnic cleansing）が進行している」

民族浄化――。

自分では一生書く機会はないと考えていたその報告書の文言に直面した時、私は現実の方ではなく、むしろ彼らの調査や認識の方を疑った。

ジュバで記者会見した専門家チームは次のようにも説明していた。

「国内のどこを訪れても村人たちは『土地を取り返すためなら血を流す覚悟ができている』と話していた」「政府軍と反政府勢力の双方が子どもを含めた戦闘員を集めている。今後、乾期を迎えて戦闘がさらに激化するだろう」

本当にこの国でジェノサイド（大量虐殺）が起きているのか――。

私は南スーダンを担当するアフリカ特派員としてその現実を自らの目で確かめておく必要があった。

最初に向かったのは町の郊外に作られている少数派民族の避難民キャンプだった。ワウでは二〇一六年六月、最大民族ディンカによる少数派民族への虐殺が発生し、約七万人が住む場所を追われて避難民キャンプに逃げ込んでいた。

現場は壮絶だった。

出会う人のほぼすべてが想像を絶するレベルでの経験を口にする。

一七歳の少女は泣いた。

「政府軍兵士たちは家族の前で私をレイプした後、一五歳になる弟に私の母をレイプするよう命じました。母は泣きながら自分をレイプするよう弟に言いました。でも、弟は行為を拒んだので、兵士は笑いながら最初に母の頭を銃で撃ち抜き、その後、弟の腹を撃ちました。弟は苦しみながら三〇分後に死にました」

二九歳の女性は叫んだ。

「四人の政府軍兵士がある日突然、自宅に乗り込んできました。夫と私は急いで逃げましたが、夫は足を撃たれて捕まってしまった。夫は軍の施設の一角にある狭い金属製コンテナに閉じ込められ、二週間食べ物を与えられずに餓死させられた。コンテナには四〇人以上もの少数派民族の男たちが詰め込まれていたと聞いています。私は（最大民族の）ディンカを殺したい。奴らの家に火をつけてやりたい」

避難民キャンプに身を寄せている少数派民族の女性たちやその家族の多くは、政府軍兵士の手によって家族や親友の前でレイプされたり、家を燃やされたり、槍《やり》で喉を突かれたり、道の上に一列に並べられて装甲車でひかれたりしていた。気温が四〇度を超える灼熱《しゃくねつ》の地で狭い金属製コンテナに詰め込まれたり、ナタで体を切り刻まれたり、木にはりつけにされて少年兵の訓練のために粗末な銃で撃たれたりしていた。

ジュバやワウで大規模な戦闘が起きる前の二〇一六年三月、国連人権高等弁務官事務所（OHCHR）は報告書の中で次のように警告していた。

「政府軍と合同で戦闘に参加している武装民兵たちは『できることは何でもやっていいし、何を手に入れてもいい』という取り決めの下で暴力行為を繰り返している」「それ故に若者たちの多くが報酬として牛を盗み、家を襲って財産を奪い、女性や少女たちをレイプしたり拉致したりしている」

ここでは報告書の中で指摘されている通りのことが、現実として行われている。

避難民キャンプ内に設置されているユニセフ（国連児童基金）の保健施設には、木の

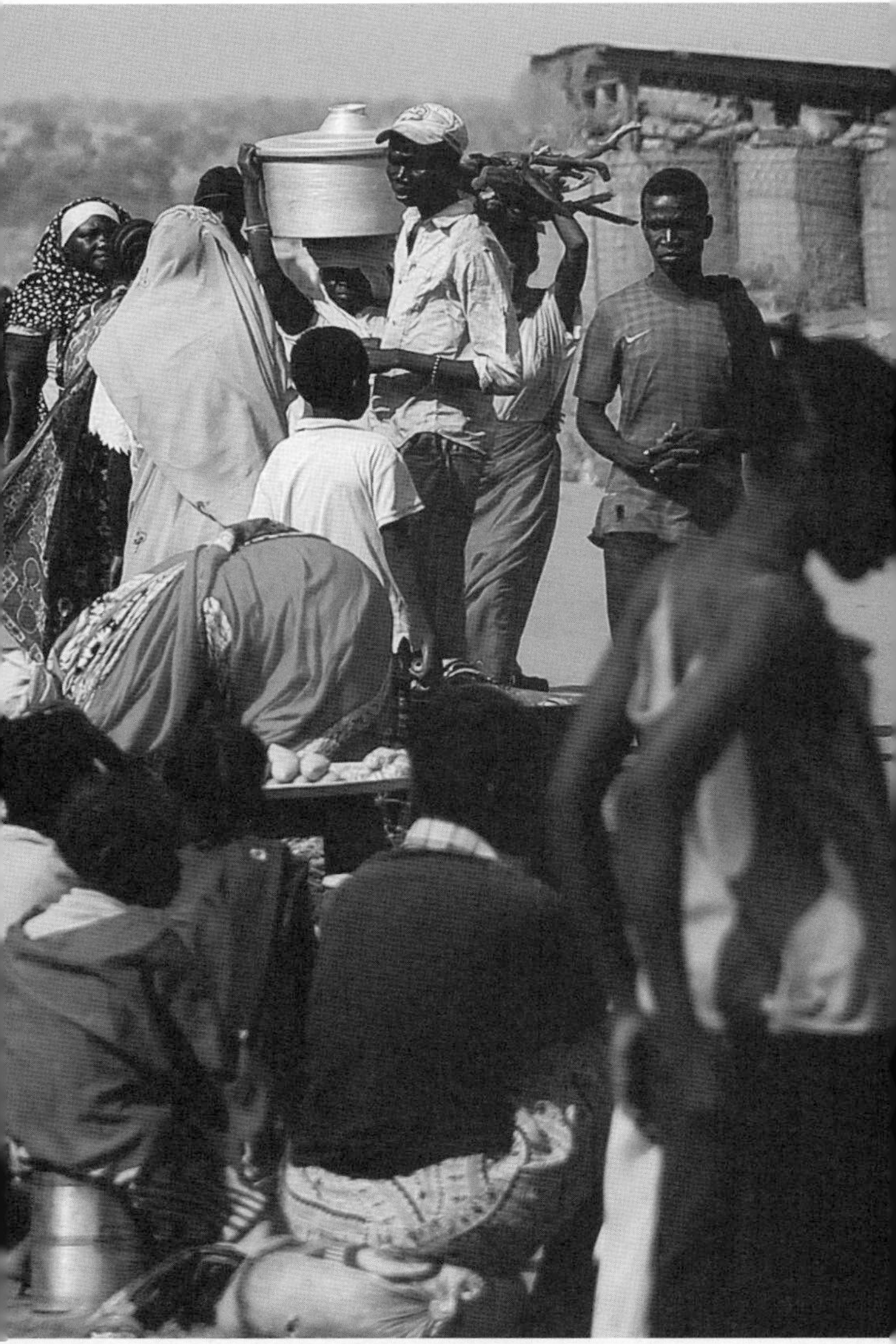

南スーダン西部ワウの
避難民キャンプの光景

枝のようにやせ細った子どもたちが母親に抱きかかえられて診察の順番を待っていた。保健師たちが細い上腕にバンドを巻きつけて子どもの栄養状態を測定し、多くの子どもたちが「重度の急性栄養不良」と判定されて治療施設へと運ばれていく。この一週間で二五三人が重度の急性栄養不良と見なされ、一〇二三人が中度の急性栄養不良と判定された。

二一歳の母親が取材に応じた。

「食糧はすべて政府軍兵士に奪われてしまいました。昼間は怖くて外に出ることができないので、夜になるのを待って村の女衆全員で木の葉を集め、それを子どもに食べさせていました」

南スーダンでは今、全土で深刻な食糧危機が進行している。戦闘が拡大し、収穫時期に農作業ができなかったため、人口の四割にあたる四九〇万人が飢え、二〇一七年半ばにはその数は五五〇万人にまで膨れあがると見通されている。ユニセフの推計では現在、三六万人の五歳未満児が重度の急性栄養不良に陥っている。国連機関や外国の援助団体は地方に食糧や薬を届けたくても治安の悪化で届けられない。

私はあばら骨の浮き上がった子どもたちの写真を撮影しながら、違う、違うと何度も大きく頭を振った。

彼らが暮らす南スーダンは決して貧しい国ではないのだ。

ＡＦＰ通信が入手した国連専門家パネルの報告書によると、南スーダン政府は歳入の九七％を石油の先売りに頼っており、二〇一六年三月下旬から一〇月下旬にかけての石油収入は総額約二億四三〇〇万ドル（約二二〇億円）。しかし、この国の政府は少なくともその歳入の半分以上を武器購入などの安全保障費に費やしている。

食糧がないわけでも決してない。首都ジュバのホテルにはどこも立派なレストランが併設されており、そこでは連日、この国の政治家や軍幹部たちが会議や打ち合わせと称してパーティーを開き、分厚いビーフパテを挟んだアメリカンスタイルのハンバーガーや、大量のクリームを使ったチキンスープや、パイナップルの載った豪勢なハワイアンピザなどを腹いっぱい食べて唾を飛ばしている。

世界はなぜこれほどまでに不平等なのだろう、と私は南スーダンで取材する度に何度も思った。生まれた家庭や地域や階層によって、人々は豊かな環境で暮らすこともあれば、避難民として流れ弾におびえながらビニール製の粗末なテントで夜を明かさなければならなくなってしまうこともある。

もちろん、この国にもその直視しがたい不平等の溝を少しでも埋めようと必死に働いている人たちはいる。国境なき医師団や現場の国連職員、民間ＮＧＯのスタッフといった「名も無き人たち」がそれだ。

でも、そこにこの国の政治家たちは決して含まれない。彼らは皆、新品のスーツをま

砂嵐が吹き荒れる南スーダンの西部ワウでは、避難民キャンプの前に少女がたたずんでいた

とって援助された新車のランドクルーザーに乗り、クーラーの効いた事務所のテレビで欧州サッカーリーグの試合を見ている。私が取材に行くと、「国際社会は南スーダンを救済する義務がある」「（大量虐殺が起きた）ルワンダの悲劇を繰り返させてはならない」などと腕を組んで豪語しながら「取材協力費」という名の賄賂を求める。

ふざけるな、とその度に私は相手を蹴り倒したくなる。あなたが今うれしそうに語った、最近石油会社の招待で行ったというオーストラリアへの視察旅行に、この国の有能な若者を一人でも二人でも派遣した方がこの国はずっと良くなるのではないか、とさえ思う。ベルリンに拠点を置く国際NGO「トランスペアレンシー・インターナショナル」の格付けによると、二〇一六年のこの国の「腐敗度」は全世界で栄光のワースト二位（最下位はソマリア、三位は北朝鮮）。その腐った政府にすがりつくようにして、日本政府は今、必死に「外交」を繰り広げている。

「ジュバは比較的安定している」

「日本の貢献は現地では高く評価されている」

日本政府が広く公式発表しているそれらの見解は、そのほとんどが紛争の片方の当事者である南スーダン政府の見解でもあった。

ワウから国連機でジュバへと戻ると、私は何度か訪れたことのある避難民キャンプ内の児童施設へと足を運んだ。施設内では子どもたちがユニセフや国際NGOの支援を受けながら狭い机で身を寄せ合って勉強したり、NGOのスタッフと一緒に裸足《はだし》でサッカーボールを蹴ったりしていた。二〇一六年七月にジュバで大規模戦闘が起きた際、このキャンプ内にも流れ弾が飛び、二〇人以上の避難民が亡くなっている。人々は「もはやここは安全ではない」と国外の難民キャンプへと移り始めており、施設の児童も戦闘前の約一四〇〇人から一〇四〇人に減少していた。

施設の庭では十数人の子どもたちがフラフープを使って遊んでいた。プラスチック製の長い輪を腰でくるくると回しながら、何人かの子どもたちが「どこの国から来たの？」と興味深そうに私に聞いた。私は「日本だよ」と答えたが、誰もその国の名前を知らないようだった。私に不満は全然なかった。極東の小さな島国の名を、アフリカで暮らす彼らが知らなければならない道理などない。日本の貢献をもっと世界にアピールすべきだと言う人がいるならば、それはもう支援の本質を失っている。誰かを助けたいのか、自らを誇りたいのか、大切なことは自分に嘘をつかないことだ。

取材後、私も子どもたちと一緒にフラフープで遊んだ。私が腰を左右に振ると、プラスチック製の長い輪はくるくると長時間回った。「うまいね」と何人かの子どもたちが私を褒めてくれた。「日本でもね、昔はみんな、これで遊んだんだ」と私が言うと、「へぇー」とみんなが驚いた。「日本、日本」と何人かが叫んだ。

日本、日本、日本、日本――。
私はひどく幸福な気分になった。

布施祐仁

第9章 反乱

二〇一七年三月一六日、日報問題で記者会見する岡部俊哉陸上幕僚長
毎日新聞社提供

泥沼化する南スーダン情勢

日本の国会が「日報問題」で紛糾している間も、南スーダンの治安は悪化の一途をたどっていた。二〇一七年二月七日、国連のアダマ・ディエン事務総長特別顧問（ジェノサイド予防担当）は南スーダンに関する声明を発表した。

ディエン特別顧問は「キール大統領は暴力を停止し、平和をもたらすことを約束したが、戦闘は継続している。ジェノサイド（大量虐殺）のリスクは今も存在する」と指摘。中央エクアトリア州南部のウガンダとの国境付近の地域では、一月だけで五万二〇〇〇人以上がウガンダに脱出し、住民の殺害や家屋破壊、レイプ、逮捕・拷問、家畜略奪などが横行していると多くの難民が証言したという。

ディエン特別顧問は、首都ジュバの南方約一一〇キロにあるカジョケジの状況に特別の懸念を表明した。南スーダン政府軍によってＵＮＭＩＳＳ（国連南スーダン派遣団）部隊はカジョケジへのアクセスが制限され、ウガンダに逃れようとする住民も移動を妨害されているという。また、イエイでも、マシャール派がいる地域や同派を支援しているとされるコミュニティに対して政府軍が「焦土作戦」を実行したと報告した。

ちょうど時を同じくして、朝日新聞アフリカ特派員の三浦英之記者がツイッターに書き込んだ投稿が目に留まる。

　三浦記者はまさしく、南スーダン南部から大量の難民が流入しているウガンダ北部の国境地帯を取材していた。

〈政府軍兵士が市民の家に火をつけている〉

〈政府軍に見つかると女性はレイプされる。義母は抵抗し、ナイフで首を切り落とされた〉

〈友人八人は家に閉じ込められて火をつけられ、全員焼死体で見つかった〉

　読むだけで胸が張り裂けそうになる南スーダン政府軍による蛮行の数々。いずれも、ウガンダに逃れてきた難民が証言したもので、国連のディエン特別顧問の声明の内容を裏付けるものであった。三浦記者も、声明について、〈私が目撃した世界と状況はまさに一致している〉とツイッターに記していた。

　これを読んで、私も次のようにツイッターに連投した。

〈朝日新聞の三浦英之記者が取材した南スーダン・イエイから逃れてきた難民の証言に胸が痛む。民間人を無差別に殺しレイプし略奪し家に火を点ける政府軍の蛮行。自衛隊

は無論、国連はパトロールすら政府軍に阻まれ手が打てない状況だ。これを止める術《すべ》はないのか？〉

〈一方、日本では「戦闘」の定義をめぐって平行線の議論を延々と続けてる。日本政府は自衛隊派遣と憲法との辻褄を合わせるために紛争を紛争ではないと言う。しかし今しなければいけないのは、紛争を紛争と認めて、それをどう止めるかを考えることではないか。日本はそのスタートラインにも立てていない〉

〈南スーダンの現実を直視せず、自衛隊派遣と憲法との辻褄を合わせることだけに懸命になっている日本政府のスタンスは、自衛隊員を危険にさらすだけでなく、日々南スーダンの人々の命が奪われている現実に対して有効な手を打てない要因にもなっている。安保理で武器禁輸決議に棄権したのもその一つだ〉

二月一〇日には、国連安保理が、南スーダン各地で続く戦闘（fighting）を強く非難し、すべての当事者がただちに敵対行為を停止するよう求める報道声明を発表した。声明は、文民への攻撃を「最も強い言葉で非難する」と強調し、文民への攻撃は「戦争犯罪になり得る」と警告した。国連は改めて、南スーダンで起こっているのは「戦闘」であり、国際人道法が適用される「武力紛争（armed conflict）」であるとの認識を示したのである。

さらに、二月一六日には、国連が「（南スーダンでは）各地で治安が悪化し続け、長引く紛争と暴力の影響が市民にとって壊滅的な規模に達している」とする機密報告書を安保理に提出していたとAFP通信が報じた。

AFP通信が入手した報告書は、南スーダンの情勢について「政府軍や反政府軍の指揮下で次々と民兵集団が台頭しており、組織の分裂や支配地域の転移が広がっている」と指摘、「この傾向が続けば、いかなる政府も統制が及ばなくなる状態がこの先何年も続く恐れがある」と警告していた。

このような状況の中、小田原《おだわら》潔《きよし》外務政務官が二月一八日に訪問先のミュンヘンで南スーダンのタバン・デン第一副大統領と会談した。時事通信の記事によれば、小田原政務官は会談の冒頭に「衝突事案や市民に対する殺傷行為が報告されていることを深く憂慮している」と表明し、全当事者による敵対行為の停止や国民対話を進めるよう求めたところ、タバン・デン副大統領は「（我が国で）戦争やジェノサイドは起きていない」と説明したという。

今や南スーダンで「戦争＝武力紛争」が起きていないと言っているのは、外国から介入されたくない南スーダンと日本の二か国だけだった。

自衛隊派遣ではないPKO貢献

こうした中でも、日本政府は、「南スーダン政府は『国民対話』を進めようとしており、これを後押しすることが極めて重要」という従来の立場を変えていなかった。

しかし、紛争の一方の当事者であるキール大統領が呼びかけ、政府主導で行われる「国民対話」の場で和平が進むとは思えなかった。通常、内戦の和平は、紛争当事者ではない第三者が仲介し、その協議は双方の安全が保証される国外で行われることが多い。実際、二〇一五年八月に結ばれた紛争解決合意も、ＩＧＡＤ（政府間開発機構）の仲介の下、協議も調印も南スーダンの国外で行われた。

それに、キール大統領は最大の反政府勢力であるマシャール派をこの「国民対話」から事実上排除していた。しかも、「国民対話」を呼びかけると同時に、マシャール派のいる地域や同派を支援しているとみなした地域に対する「焦土作戦」を展開していたのである。これでは、マシャール派が「国民対話」に加われるはずがなかった。

南アフリカにいるマシャール氏も「政府側との和平合意がもはやない以上、戦いを続けるしかない」（ＮＨＫ、二月一七日）と述べ、武装闘争を続けていく姿勢を示していた。

こうした点からみても、マシャール派や二〇一六年七月のジュバ争乱以降に生まれたエクアトリア地方の反政府武装勢力なども含めて、第三者の仲介による真に包括的な和平プロセスの再構築が必要なことは明らかであった。

しかし、そもそもマシャール派は「紛争当事者」に当たらず、南スーダンでは「武力紛争」は発生していないという立場の日本政府に、両者に働きかけて和平を仲介するという発想が出てくるはずがなかった。

実際、二月二〇日の衆議院予算委員会で民進党の緒方林太郎議員から「現在、南スーダン情勢において、日本のカウンターパートというのはキール大統領派のみであるということでいいか」と質問された稲田大臣は、改めてマシャール派は紛争当事者ではないと強調した上で、「いろいろな問題はあるが、日本にとっての交渉相手は誰かということになれば、キール大統領ということで間違いない」とこれを認めている。

二月二一日の衆議院予算委員会の公聴会で公述した、日本のNGO活動家として唯一南スーダンに入国して人道支援を行っている日本国際ボランティアセンターの今井高樹《たかし》氏も、日本が今やるべきなのは紛争当事者間の和解の仲介だと強調した。

今井氏は、現地はまさに紛争状態であり、この状況で自衛隊がいても、日本政府がいうような「南スーダンの国造り支援」をやることはできず、むしろ戦闘に巻き込まれるリスクが高くなっていると指摘。「自衛隊派遣ではなくて、もっと別のやり方で日本は南スーダンの和平に、平和な社会づくりに貢献すべきではないか」と訴えた。

「別のやり方」については、日本は南スーダンの紛争に大きく関わるスーダンやウガンダなどの周辺国と良好な外交関係を持っているとして、その希少な立場を生かして周辺国に働きかけ、マシャール派も含めた全政治勢力間の話し合いの場を非公式にでも設定することを提案した。このような「和解の手助け」こそ、まさに憲法九条を持つ日本がやるべきことではないか、と。

私は今井氏の公述に深く共感した。欧米諸国とは異なり、かの地を侵略も植民地支配もしたことがなく、いずれの国とも友好関係にある日本こそ、周辺国を後押しして和平の仲介ができる位置にいるのだ。しかし、日本政府が自衛隊派遣に固執し、「南スーダンで武力紛争は発生していない」という立場を変えない限り、こうした日本の利点を生かした貢献は十分にできない。これは、南スーダンの平和はもとより、日本の外交にとっても大きなマイナスではないかと思われた。

唐突な撤収決定

膠着《こうちゃく》状態に陥っているかのように見えた日報問題であったが、三月に入ると事態が急展開し始める。

二〇一七年三月一〇日夕方、テレビ各局のニュース番組は、五時半から始まった森友学園の籠池泰典《かごいけやすのり》理事長の記者会見を報じていた。

果たして、大阪府豊中市の国有地売却をめぐって政治家の関与はあったのか——。一連の問題発覚後、籠池氏が初めて記者会見を開くということで、日本中が注目していた。

会見がまだ続いている午後六時過ぎ、テレビの画面に突如、ニュース速報が流れる。

「南スーダンPKOに派遣中の自衛隊部隊を撤収へ」

間もなくテレビ各局は安倍首相の緊急会見を生中継で報じた。

「南スーダンＰＫＯへの自衛隊部隊の派遣は今年一月に五年を迎え、自衛隊の施設部隊の派遣としては過去最長となります。その間、首都ジュバと各地を結ぶ幹線道路の整備など、独立間もない南スーダンの国造りに大きな貢献を果たしてまいりました。南スーダンの国造りが新たな段階を迎える中、自衛隊が担当しているジュバにおける施設整備は一定の区切りをつけることができると判断いたしました」

ん？　撤収の理由は、施設整備の活動が一区切りついたから？　南スーダンの治安悪化に一言も触れない説明には違和感を持ったが、とにかく撤収決定の第一報に安堵《あんど》した。撤収は五月末になるという。あとは、派遣されている第一一次隊の約三五〇人が全員無事に帰還することを願うばかりであった。

毎日新聞から撤収決定について電話取材を受け、「政府が『戦闘』を『武力衝突』と言い換えても、現地が紛争状態にあることは国連も認めている。そこをごまかして派遣を続けてきたことが問題であり、撤収の判断は当然だ」「自衛隊が戦闘に巻き込まれず、犠牲者が出ることがなくて本当に良かった」とのコメントが翌朝の紙面に掲載された。

しかし、撤収の決定を素直に〝喜ぶ〟だけの気持ちにはなれなかった。自衛隊の動向とは関係なく、南スーダンの内戦と深刻な人道危機は続くからだ。私はツイッターにこう投稿した。

〈日本政府は自衛隊を撤収させても、人道支援と紛争終結に向けた外交努力でこれまで以上に南スーダンに貢献していくという強いメッセージを表明すべき。南スーダンの人々が人道危機にさらされている中、「自衛隊撤収＝南スーダンに関与しない」にしてはならない。むしろ、これからが問われる〉

政府が自衛隊撤収を決定した翌日の毎日新聞は、撤収決定に安堵する隊員家族の声を伝えていた。

息子が南スーダンにいる青森市在住の五〇代の女性は、「本人も帰れると喜んでいるでしょう」と涙声で語ったという。息子は日本を出国する前、「人を殺して帰ってくるかもしれない」と話していた。「自衛隊だから危険は覚悟の上。それは分かっているが、人を撃てば心に大きな傷を負うでしょう。死者が出ないまま帰国が決まり、本当によかった」――この女性のコメントの通り、一人も死なず一人も殺さずに任務を終えてほしいというのは、すべての隊員の家族に共通する思いであっただろう。

この日、私は仙台市内で講演をした。テーマは三・一一以来取材を続けてきた福島第一原発事故の収束作業を行う労働者についてだったが、講演後に仙台駐屯地の近くに住んでいるという参加者の一人から「近所の自衛隊関係者も『撤収が決まって本当によかった』と話していましたよ」と声をかけられた。宮城県からも約四〇人の隊員が南スーダンに派遣されていた。

北海道帯広市の近くに住む元自衛官の知人からも、「みんなほっとしたと思う」と連絡があった。帯広に司令部がある陸自第五旅団は、第一二次隊の基幹部隊として五月から南スーダンに派遣される予定だった。これで一二次隊の派遣もなくなった。

こうした反応を聞いて、私も改めて胸を撫《な》で下ろした。

「実績づくり」のための新任務付与

二〇一七年三月一一日の新聞各紙は政府が撤収を決めた理由を分析していたが、政権にとってのリスク回避を指摘するものが多かった。

朝日新聞は、悪化する治安情勢に政府内でも懸念が高まっていたとし、与党内からも「隊員が一人でも亡くなれば政権は吹っ飛ぶ」（自民党幹部）、「危機管理上、早く撤収した方が良い」（公明党幹部）との声が上がり始めていたと書いた。

毎日新聞は、「治安悪化が続く中、隊員に死者が出れば『これまで築いた国民の信頼を一瞬で失う』（防衛省幹部）のは確実で、リスク回避の思惑があった。昨年七月に首都ジュバで政府軍と反政府勢力の大規模な武力衝突が起きてからは、南スーダンへの派遣に国民の理解が得られにくくなっているとの事情もある」と指摘。「隊員の安全確保に加え、国民の間で派遣に対する懸念が高まっていることに配慮したというのが実態だ」と結論付けていた。

実際、テレビ朝日が二月末に行った全国世論調査でも、「南スーダンへの自衛隊派遣を続ける必要があるかどうか」との質問に、過半数の五一％が「必要ない」と回答していた。「必要ある」は二八％だった。

撤収を望む世論が高まったのは、防衛省が廃棄したとしていた日報が出てきたことで二〇一六年七月のジュバでの激しい戦闘状況が明らかになり、政府がそれを隠して新任務付与を決定した事実が衆目に晒されたことも影響しているだろう。

読売新聞は、「自民党の閣僚経験者」の話として、「（撤収の最終判断には）廃棄したとしていた南スーダンPKOの陸自施設部隊が作成した日報が見つかった問題も影響した」「野党側に国会で追及され、安全性を強調する中で、何か起きた場合、責任問題につながることを懸念したのではないか」との見解を伝えていた。

防衛省が日報を公表した二月七日以降は、国会前や全国各地で南スーダンからの自衛隊撤収を要求する市民のデモも広がりつつあった。

この状況で派遣隊員に死者が出れば、政権の責任が厳しく問われるのは必至であった。長期政権を目指す安倍首相が、それを回避するために撤収を決断したというのは理解できる。

日報の情報公開が、国会での議論や国民世論に影響を与え、政府の政策判断につながったのであれば、まさに国民主権の理念に則《のっと》った情報公開法の立法目的そのものである。しかし、それは本来、政府が派遣延長や新任務付与を決定する前に行われなければならないことであった。

菅官房長官は三月一〇日夜の緊急会見で、実は前年二〇一六年の九月からNSC（国家安全保障会議）を中心に水面下で撤収の検討を始めていたことを明かした。

これは、同年七月のジュバでの大規模戦闘を契機に内戦が再燃し、それまで比較的治安が安定していた南部エクアトリア地方にまで急速に戦火が拡大していったことを考えれば、政府として当然のことである。

しかし、どうしても腑《ふ》に落ちないのは、それならばなぜ、隊員のリスクを高める新任務の付与をわざわざ同年一一月に閣議決定したのかということである。

現地の派遣部隊は、エクアトリア地方の厳しい治安状況を日本の上級部隊に繰り返し伝えていた。

そのことが明らかになったのは、防衛省が三月一三日に追加で情報公開した二〇一六年九月一〇日までの日報においてであった。そこには、ジュバで戦闘が収束した後も近郊では激しい戦闘が続いていることが報告され、「（自衛隊のジュバ）郊外での活動には**重大な影響を及ぼすとともに、戦闘地域のジュバ方向への移動に注視が必要**」（八月一日の日報）などと警告していた。

ジュバ市内がいくら平穏でも、周辺で戦闘が続いていれば、それがジュバに波及するリスクが存在するのは当然だ。しかし、日本政府は、そのリスクについては一切語らず、ひたすら「ジュバは平穏」と繰り返してきた。そして、このような情報操作を行って派遣の延長と新任務の付与を強行した。

24

別紙第３−３

情　勢（3／8）／Situation

評　価	和平合意	和平合意の進捗は進展が乏しく、ジュバにおける両勢力の戦闘及びキール大統領による暫定立法議会議長の一方的な指名により、さらに時間を要するものと思料。また、国際社会の南スーダンへの介入に大統領側が強く反発していることから、ＵＮＭＩＳＳへの増派を受け入れる代わりにＳＰＬＡ側からの何らかの要求がある可能性も有り不透明な状態が継続している。また、ジュバ市内、北及び西バハル・アル・ガザル州、ジョングレイ州及びユニティ州においてＳＰＬＡ−ｉＯの内部分裂の動きが確認されており、タバン氏の第１副大統領就任を踏まえ、ＳＰＬＡ−ｉＯ指導部の分裂が及ぼす影響について注視が必要である。加えて、ジュバ周辺でＳＰＬＡとＳＰＬＡ−ｉＯ間の戦闘が発生しており、マシャル氏の動向を含めて注視が必要である。
	その他の事象	北部及び南部地方において、ＳＰＬＡ−ｉＯ又は地元の者と思われる武装集団とＳＰＬＡ又は暫定政府との間で戦闘が生起しており、暫定政府及び新２８州制に基づく新州行政機関の治安統治能力は地方においては十分に発揮できていないため、報復及び一般犯罪は継続するものと思料 また、ＵＮＭＩＳＳに対するデモを含む直接的なハラスメントが発生しており注意が必要

二〇一六年八月一日の日報。七月中旬～下旬にかけて、南スーダン各地で戦闘が発生し、とりわけジュバ近郊を含む南部で頻発していることが見てとれる。

つまり、自ら隊員たちを危険に晒すような決定をしておきながら、その四か月後には、隊員に死者が出たら政権が吹っ飛びかねないと撤収を決めたのである。

隊員の安全確保を最優先に考えるのであれば、九月にNSCで撤収の検討を始めた後の一一月に新任務付与を決定することはなかったはずだ。それでも敢《あ》えて新任務を付与したというのは、隊員の安全よりも安保関連法の初運用という「実績づくり」を優先させたからとしか考えられなかった。

その後の報道によれば、安倍首相が撤収の意向を固めたのは二〇一七年二月中旬だったという。

日報データは陸自にも保管されていた!

政府は、自衛隊の撤収を決めたことで、日報問題の幕も引けると踏んでいたに違いない。しかし、そうはならなかった。この後、事態はさらに急展開することになる。

突然の撤収発表から五日後の二〇一七年三月一五日、NHKが、複数の防衛省幹部の証言として、陸上自衛隊にも日報のデータが一貫して保管されていたことが判明したと特報を打ったのである。

NHKの報道によれば、陸上自衛隊に日報データがあることがわかったのは一月中旬で、中央即応集団司令部の複数のコンピューターに保管されていた。このことは陸上自衛隊の上層部に報告され、いったんは公表に向けた準備が進められたものの、最終的にはそれまでの説明と矛盾するため外部には公表しないという判断が下されたという。匿名ではあったが、防衛省幹部の一人は「日報の電子データは陸上自衛隊の司令部もダウンロードし、保存していました。しかし、『今さら出せない』となり、公表しないことになった経緯があります。今現在、司令部のデータは消去されたと聞いています」と証言していた。

やはり、陸自にも日報はあったのだ。

それまで、稲田大臣は、陸自において日報は「保存期間一年未満、用済み後廃棄」のルールに基づいて適正に廃棄されたと繰り返し答弁してきた。報道が事実なら、稲田大臣はずっと虚偽答弁を続けてきたことになる。

NHKの報道が着火点となり、マスコミ各社がこれを追いかけ、次々と新しい疑惑が浮上していく。翌日には、日報があったことを公表しないよう陸自に指示したのが統合幕僚監部の「背広組幹部」であったと読売新聞が報じる。さらに、その背広組幹部は防衛省の「上層部」に相談の上、公表しない方針を陸自に伝えた疑いがあることも明らかになった。

稲田大臣が日報を探して公表するように指示していたにもかかわらず、防衛省の最高幹部たちが陸自にも日報が保管されていた事実を組織ぐるみで隠蔽し、大臣に国会で虚偽答弁を続けさせたとするならば大問題である。それこそ、大臣のシビリアンコントロール（文民統制）がまったく利いていないことになる。

稲田大臣はそれまで、

①当初の探索範囲である陸自の南スーダン派遣部隊と中央即応集団司令部では「保存期間一年未満、用済み後廃棄」のルールに基づいて実際に日報を廃棄していた。

②だから、最初に廃棄済みを理由に不開示決定としたのは隠蔽ではない。

③隠蔽ではないから、開示請求前に廃棄したという陸自の報告を疑う必要はない。

という〝三段論法〟で、野党が要求する第三者も交えた調査を拒否してきた。

しかし、報道が事実であれば、その前提が完全に崩れる。私の開示請求を受け付けた時点で、陸自に日報のデータが保管されていたにもかかわらず、それを開示しなかったのである。何らかの理由で意図的に隠蔽された可能性は否定できない。そのことを明らかにするには、独立性の高い調査が必要だ。

NHKの最初の報道から一夜明けた三月一六日午前の衆議院安全保障委員会で、稲田大臣は「報道されている内容が仮に事実であるとするならば、防衛省・自衛隊に対する国民の信頼を大きく損ねかねない」として、大臣直轄の防衛監察本部に特別防衛監察の実施を指示したことを明らかにした。

稲田大臣が初めて、「隠蔽疑惑」の存在を認めた瞬間であった。

自衛隊制服組トップの河野克俊統合幕僚長はこの日の記者会見で、特別防衛監察を受ける事態に発展したことを「深刻に受け止めないといけない」と述べ、「隠蔽は組織にとって致命的な打撃になる」と語った。

一方、岡部俊哉陸上幕僚長は同日の会見で、「事態については真摯に受け止める」としながらも、自身も監察の対象になることを理由に「コメントを差し控える」と事実関係について言及することを避けた。「逃げているのでは」と質問されると、「そう取られても仕方がないかもしれない」と話した。翌朝、毎日新聞に掲載された会見時の岡部陸幕長の写真は、唇をきつく「への字」に結び、まさに苦渋の表情であった（第9章扉参照）。

私は特別防衛監察による真相解明には懐疑的だった。

防衛監察本部は、職員の法令遵守状況などをチェックする防衛大臣直轄組織である。旧防衛施設庁の官製談合事件や情報漏えい事件などの不祥事を受けて二〇〇七年に新設された。防衛省の各組織からの独立性を高めるために、トップの防衛監察監は高等検察庁の検事長経験者が歴任し、スタッフにも外部から現職の検事などを迎えている。

とはいえ、あくまで防衛省の一組織であることには変わりない。実際に監察を行うスタッフのほとんども自衛官と防衛省職員であり、どこまで調査の独立性、客観性を担保できるかは疑問であった。今回の事案のように、防衛省の「上層部」が関与している疑いがある場合は、特に難しいと思われた。

陸自に日報が保管されていたことを公表しないよう指示したとされる統幕の「背広組幹部」とは、誰か――。思いつくのは、辰己《たつみ》昌良《まさよし》総括官か吉田正法《まさのり》参事官の二人しかいなかった。そして、この二人が相談する防衛省の「上層部」といえば、豊田硬《かたし》官房長と黒江哲郎事務次官くらいしかいない。

防衛省組織令では、防衛監察本部の管理・運営は大臣官房の訟務管理官が行うと定められている。そして、訟務管理官の上司は官房長である。官房長や事務次官、陸幕長クラスが監察対象となると、監察本部のスタッフは自分の人事を左右できる上司を調査しなければいけないということになるのだ。そこに〝手心〟が加わらない保証はない。

そして、最大の問題は、監察対象はあくまで防衛省職員であり、大臣をはじめ政務三役は監察の対象外ということだ。特別防衛監察は大臣の命令によって行われるし、監察計画も大臣が承認する。大臣の指揮監督下にある防衛省職員が対象であり、大臣からはまったく独立していないのが特別防衛監察なのである。

統幕の背広組幹部が防衛省上層部と相談して非公表の方針を決めたという報道を見た

時、本当に事務方だけで決めたのかという疑問がすぐに浮かんだ。つまり、稲田大臣はそこに関与していなかったのか、という疑問である。そこで、私はツイッターにこう投稿した。

〈ここまで組織ぐるみだと稲田大臣だけ知らなかったというのは、ちょっと考えにくいですね。実際に国会で答弁していたのは稲田大臣なわけですから〉

陸自にも日報が一貫して保管されていたという事実を公表するかどうかは、稲田大臣の国会答弁にストレートに関わってくる問題である。公表するのであれば、それまでの「ルール通り廃棄した」という答弁を訂正しなくてはならないし、非公表にするということは、大臣に虚偽答弁をずっと続けさせることを意味していた。それだけ重要な政治判断を、大臣に一言も相談せずに事務方だけで決めるというのは考えにくいと思った。私がコンタクトをとっていた防衛省関係者も「国会で矢面に立たされるのは大臣ですから、大臣の了解を求めないはずがない」と話していた。

もし稲田大臣もこの決定に関与していたとするならば、大臣辞任はもちろん、議員辞職も避けられないだろう。もしかしたら、政権そのものが揺らぐ事態に発展するかもしれない。

稲田大臣の関与の有無も含めて真相を解明するためには、大臣の指揮下で行われる特別防衛監察ではなく、大臣からも独立した調査が必要だ。だからこそ、稲田大臣はそれを避けるため、野党から独立調査委員会設置を要求する声が高まる前に、先手を打って特別防衛監察の開始を早々に決めたのではないか——。そう勘ぐってしまうくらい、いつになく素早い対応であった。

特別防衛監察を隠れ蓑に

稲田大臣が追及を受けたのは日報問題だけではなかった。ＮＨＫが陸自での日報保管に関してスクープを放つ直前、稲田大臣は森友学園との過去の関係をめぐって事実とは異なる答弁を行い、撤回・謝罪に追い込まれるという失態を演じていた。

二〇一七年三月一三日の参議院予算委員会で「（森友学園から）事件を受任し顧問弁護士だったことはない。裁判を行ったこともない」と答弁したにもかかわらず、過去に森友学園が起こした民事訴訟に原告側代理人として出廷していたことが裁判所の記録で判明したのである。その後、稲田大臣は「（出廷は）記憶にはない。記憶に基づいた答弁で、虚偽の答弁という認識はない」と弁明したが、野党は防衛大臣の資質がないと辞任を求めた。

一四日の参議院予算委員会で、民進会派所属の舟山康江《ふなやまやすえ》議員は「国会の場で確認もせずに嘘をつく。都合の悪いことは忘れる。記憶にないと言う。これが通じれば何でもありじゃないですか。証拠が出てきて、『ああ、ばれた、じゃ謝ろう』で済むのか」と稲田大臣の姿勢を批判。「こんなことで自衛隊の指揮官として信用されるのか、責任を果たせるのか。責任の重さを考え、しかるべき判断をしてもらいたい」と辞任を迫った。

日報問題をめぐる稲田大臣の対応とも共通するのは、その気があれば簡単に事実を確認できるのにそれをしようとせず、根拠が曖昧なまま結論だけを述べてしまう点である。つまり、ファクトの軽視である。ファクトを重視するというのは防衛大臣に最も必要な資質の一つだと思うが、稲田大臣にはそれが欠落しているように見えた。このように稲田大臣の信用が失墜する中で、三月一五日のNHKのスクープ報道があったのだ。

翌三月一六日の衆議院安全保障委員会で稲田大臣は、まず自分自身の関与を否定した。陸自に日報が保管されていたと報告を受けたことも、非公表やデータの廃棄を指示したこともないと断言した。

野党は、①陸自に日報データが一貫して保管されていたのが事実かどうか　②統幕の背広組幹部が陸自に非公表を指示したのが事実かどうか──の二点について、すぐに関係者に確認して国会に報告するよう求めたが、稲田大臣は「特別防衛監察の中で徹底的に事実関係を明らかにしていきたい」と繰り返し、これに応じなかった。

そして、三月一七日正午をもって特別防衛監察が始まると、日報に関する質問のほとんどに「監察が開始されているのでコメントをすることは差し控えたい」と言って回答を拒否するようになった。野党が確認を求めた二点は、大臣がその気になればすぐにわかることである。それさえ明らかにしようとしない姿勢に、特別防衛監察を隠《かく》れ蓑《みの》にして時間稼ぎをしようとしているのではないかと思った。

そんな中、核心に迫ったのが、三月一七日午後の衆議院外務委員会での民進党・寺田学《まなぶ》議員の質問である。寺田議員は、陸自に非公表を指示したと報道された「統幕の背広組幹部」の最高位である辰己昌良総括官に事実確認をしたかどうか稲田大臣にただした。

寺田議員が「報道されているこの疑念について、一刻も早く国民や国会に事実を明らかにするためには、大臣が話を聞く相手は辰己総括官だ。辰己氏に話を聞いたか」と質問すると、稲田大臣は唐突に、質問と関係のない言葉を発する。

「隠蔽はしてません！」

すかさず寺田議員が「何にも聞いてないでしょ、そんなこと！」と反応する。自分の発言のおかしさに気づいたのか、思わず「フフフ……」と笑う稲田大臣。そして、取り直して、次のように答弁した。以下、それからの質疑である。

稲田大臣「私は、もちろん、さまざま聞いておりますけれども、ただ、今、独立性の高い立場から徹底的な調査を行わせるため、特別防衛監察が開始をされております。本人が言ったことが本当にそうなのかも含めて、いろいろな人から話を聞いたり、また、さまざまな状況を確認したりということをする特別防衛監察が開始されますので、個別の事象、報道についてコメントは差し控えたいというふうに思います」

寺田議員「この報道をきっかけにいわゆる特別防衛監察を始めているわけですから、この報道に登場してきた方々にお話を聞くのは当然だと思うんですが、辰己総括官にお話を聞かれましたか、大臣」

稲田大臣「もちろん辰己総括官は毎日のように来られます、私の大臣室に。そこは陸幕長とは違って、毎日のように南スーダンの情勢の説明とかにも来られるわけですから、もちろんさまざまな事実確認はいたしております」

寺田議員「昨晩の報道に関して辰己総括官にお話を聞かれましたか」

稲田大臣「したがいまして、特別防衛監察が開始されて、個々の、本人の、もちろんいろいろな当事者というか関係者というかに対しての聴取が始まっているわけでありますので、そういった一つ一つのことについてのコメントは差し控えさせていただきます」

辰己総括官は、二月初旬に防衛省が日報を公表して以降、この件に関して稲田大臣の国会答弁をずっと補佐してきた人物であった。だから、毎日のように大臣室を訪れ、稲田大臣とさまざまな打ち合わせをしているのである。それだけ頻繁に会っているのであれば、報道されている件についても当然事実確認をしていると考えるのが自然である。だが、稲田大臣は特別防衛監察が始まっていることを理由に、「調査に影響があるといけない」としてコメントを拒否した。

大臣が答えないのなら、辰己総括官本人に聞くしかない。寺田議員は、報道の件について稲田大臣に話をしたかどうか、政府参考人として出席していた辰己総括官に直撃した。

しかし、辰己総括官も「日々、大臣には説明をしているが、何を話し、内容がどうかということについては、特別監察が始まっているので答えを差し控えさせていただきたい」と言って回答を拒否した。

これらの答弁に、私は強い違和感を持った。報道された疑惑は、防衛省・自衛隊という実力組織のシビリアンコントロールに関わる重大な問題である。防衛大臣や政府によるシビリアンコントロールが利いていないのであれば、「国権の最高機関」である国会がそれを正さなければならない。しかし、国会の持つ国政調査権よりも防衛省の内部調査である特別防衛監察の方が優先されてしまうのでは、国会はその役割を果たせない。

過去に実施された三件の特別防衛監察では、結果が出るまで最短で三か月以上かかっていた。長いものだと一年以上だ。特別防衛監察を理由にして国会での答弁を拒否できるのであれば、その間は大臣が責任を問われることはなくなる。

もっとも稲田大臣は、報道が事実であれば責任をとって大臣を辞職するかという野党議員の質問に、「厳正に対処し再発防止策を講ずることになる」「防衛省・自衛隊に改めるべき隠蔽体質があれば私の責任で改善していく」などと繰り返すばかりで、自身の辞任については否定していたが……。

安倍首相も、防衛大臣を速やかに代えるべきという野党議員の質問に次のように答えて、辞任の必要はないとの見方を早々に示した。

「もとより、閣僚の任命責任は全て内閣総理大臣たる私にあります。その上で、稲田大臣には、徹底的な調査を行い、改めるべき点があれば大臣の責任において徹底的に改善し、そして再発防止を図ることによりその責任を果たしてもらいたい、このように考えております」

特別防衛監察を隠れ蓑にして時間稼ぎをし、稲田大臣および政権の延命を図ろうとしているのではないかという私の疑念は、この後、ますます強まっていくこととなる。

ウガンダ北部に流れ込み、食糧の配給施設の前に列を作る南スーダン難民

三浦英之

第10章 難民

その「施設」の存在を知ったのは二〇一六年一二月だった。

ウガンダ北部に南スーダンから逃れてきた「元少年兵」たちを極秘に匿《かくま》っている施設がある――。

私はその情報を聞きつけた直後、現地にナイロビ支局の取材助手Aを三度派遣し、数か月間の取材でようやくその「施設」の所在地を突き止めた。そして、さらに数か月間交渉を続けてウガンダ政府当局から現地取材の許可を取得すると、Aと一緒にプロペラ機と四輪駆動車を乗り継いで二度、ウガンダ北部の現場に入った。

二〇一七年二月、最初に足を運んだのは南スーダンとウガンダの国境地帯だった。

ビクトリア湖のほとりに位置するウガンダの首都カンパラから四輪駆動車で約一〇時間。ウガンダ北部の国境の村ブシアに到着すると、南スーダンとの国境を形成する幅数メートルの小川にかかる木橋の上を、無数の女性や子どもが大量の家財道具を抱えてウガンダ側へと渡ってきていた。

ウガンダ国境警備隊によると、自衛隊が駐屯する首都ジュバの南西一二〇キロにあるイエイでは最近、政府軍兵士による少数派民族への虐殺が始まっており、自力で身を守ることができなくなった人々が大量にウガンダ北部へと流れ込んできているという。その数、一日数百人から数千人。

一眼レフを覗《のぞ》くと、小川の向こう側――つまり国境を挟んだ南スーダン側――ではカラシニコフ銃を持った迷彩服姿の男たちが人々を検問所へと誘導しているのが見えた。「あれは反政府勢力の戦闘員だよ」とウガンダの国境警備隊員は私に教えた。「皮肉なものさ。南スーダンでは政府軍兵士が市民を虐殺している。だから、市民は反政府勢力を頼って決死の覚悟で隣国ウガンダに逃れてくるんだ」

大きな包みを頭上に載せて橋を渡ってきた女性に包みの中身を見せてもらうと、約一〇キロのピーナッツと塩だけだった。女性は「これが私の全財産。あとは全部強奪されたわ」と立ち尽くしたまま私に言った。

国境から約一〇キロ離れたウガンダ北部のクルバでは、国境を越えてきた数千人の難民たちが一時収容施設で難民登録の手続きを行っていた。百数十キロ歩いて逃げてきたという男性は「政府軍兵士に父が銃殺され、母と一緒に村から逃げてきたが、道中、何者かに銃を乱射され、ここにたどり着く前に母は殺されてしまった」とうつむいた。生後八か月の女児を抱いた女性は「ここに来る途中、政府軍兵士に見つかり、女性は一か所に集められて集団レイプされた。拒否した人はその場で銃殺された」と両目いっぱい

南スーダンとウガンダの国境地帯をトラックの積み荷に乗って移動する人々

に涙をためた。

国境地帯を退き、取材助手Aと一緒に多数の南スーダン難民が暮らすパギリニヤ難民居住区へと向かった。

キャンプに足を踏み入れて驚いた。見渡す限りどこも子どもだらけなのだ。その多くが戦闘で両親を失った孤児である、と現場を任されているNGOスタッフは言った。

「どのくらいの数の孤児がいるのですか？」

「七〇〇〇人くらいです」

「七〇〇〇人？」と私は驚いて聞き返した。「全員が孤児なのですか？」

「そうです」とNGOスタッフは平然と答えた。「今、南スーダンからの難民は六割から七割が一八歳未満の子どもたちです。ここではその半数以上が両親を失った戦災孤児たち。通常、南スーダンの女性は一〇代後半から毎年のように子どもを産みます。男は大抵兵隊に取られてしまっているので、母親が殺されてしまうと、彼らはみな孤児になってしまうのです」

NGOスタッフの付き添いの下、戦災孤児から話を聞いた。

「私の目の前でお父さんとお母さんが殺されました」と一四歳の女子生徒は両目に涙を浮かべて必死に話した。昨年七月、政府軍兵士四人に自宅を襲われ、目の前で両親が射殺された、ウガンダには五歳から一〇歳の弟妹三人を連れて必死に歩いて逃げてきた……。

「お母さんに会いたい……」

そう言って取り乱したところで、NGOスタッフに肩を抱かれた。

NGOスタッフによると、戦災孤児たちはこのキャンプに収容されると間もなく、自ら売春に手を染めてしまう。少女たちは未成熟なその身体を売り、少年たちはそれを大人の男たちに斡旋《あっせん》をする。

「配給される食糧をわずかでも弟や妹に分け与えるためにです。ここでは平等に配給されているはずの食糧も、力で奪われたり盗まれたりしてキャンプ内の闇マーケットで売られているのです——」

NGOのスタッフはそう話しながら、少女の背中をさすり続けた。

二〇一七年五月、目指す「極秘施設」はウガンダ北部の数万人が暮らす難民居住区の一角にあった。

同行したウガンダ政府当局幹部の説明によると、設置は二〇一三年一二月。現在は南スーダンから逃げてきた元少年兵たち数百人を保護しているという。少年たちはウガンダ国境で難民申請をする際、戦闘員だったことがわかるとウガンダ政府の判断でこの施設へと送られてくる。この一か月間で移送されてきたのは六〇人。全員男子で、一六、一七歳が最も多い。

施設は周囲を高い塀と鉄条網に囲まれ、存在自体が完全に秘匿されている。当局者との交渉により、場所の表記と外観の撮影は禁じられたが、収容者へのインタビューや写真撮影については当局立ち会いの下で特別に認められた。

二人の元少年兵が取材に応じた。

南スーダン南部出身の一七歳の少年は二〇一六年一月、親友三人と道を歩いていたところを反政府勢力に拉致された。銃を突きつけられて殴られ、目隠しをされて軍事拠点へと連行されると、翌朝、「我々に加わって政府軍と戦え」と命じられた。親友の一人が拒否すると、その場で銃殺され、以後、命令に逆らえなくなった。

翌日から厳しい軍事訓練が始まった。茂みの中を腹ばいで前進し、自動小銃の扱い方を教わった。一〇回ほど政府軍への襲撃に加わった。狙いは政府軍兵士を殺すことではなく、相手の武器弾薬を奪うことだった。茂みに身を隠しながら夢中で銃の引き金を引き、親友二人が政府軍の銃弾に当たって死んだ。「あなたは何人殺したのですか」という私の質問に「人数は覚えていない」と彼は答えた。

「今でも毎日、銃撃戦の夢を見る。殺さなければ、自分が殺されてしまう。地獄のような日々だった」

インタビューの最後、「時折、頭が割れそうなほど痛むことがあるんだ」と大きな手

取材に応じた南スーダンの元少年兵二人(右が一七歳、左が一六歳)

のひらで頭を抱えた。

南スーダン東部出身の一六歳の少年は二〇一七年一月、父親や妹と畑仕事をしていたところを反政府勢力に拉致された。父親は「子どもを連れて行くなら、俺を連れて行け」と抵抗したが、反政府勢力の男は父親に暴行し、少年と妹だけを連れ去った。

少年は荷物持ち、妹は洗濯と食事の準備をするよう命じられ、二人は毎日殴られた。一日の食事はわずかな量のトウモロコシの粉だけ。政府軍との戦闘が始まると、少年は前線に弾薬を運ぶよう命じられ、茂みの中を走り回った。その度に不思議な「薬」を配布され、なぜか怖さを感じなくなった。

四月に逃げ出し、ウガンダ国境へと向かった。直後、先に保護施設に到着していた隣人から父親がその後反政府勢力に殺されたことを聞いた。

取材の最後、少年は私の腕をつかんで懇願した。

「妹がまだ反政府勢力の下で働かされているんです。とても素直な良い子なんです。日本の力でなんとかして助け出してくれませんか?」

この「施設」の存在理由を、取材に応じたウガンダ政府の幹部二人と施設の管理責任者は次のように解説した。

「彼らを治療するためだ」とウガンダ政府の上級幹部は言った。「少年兵たちは目の前で家族や友人を殺されたり、自ら敵を殺したりしている。ＰＴＳＤ（心的外傷後ストレス障害）で睡眠障害や摂食障害を引き起こすケースだってある。専門のＮＧＯ職員がカウンセリングを行い、難民居住区にある学校に通えるように準備を進めなければならない」

「彼らを守るためだ」と上級幹部の部下は口を揃えた。「過去に戦闘員だったことが周囲に知れると、敵対民族から報復される恐れがある。同じ民族からも戦争犯罪の『口封じ』のため命を狙われることだってある」

ところが、ウガンダ政府の幹部二人が施設を去った後、施設の管理責任者は二人とは少し異なる「事情」を明かした。

「最大の任務はやはり監視だ」と二〇代の管理責任者は言った。「武器を扱える子どもを難民として受け入れることはウガンダ政府としてもリスクが高い。ウガンダ国内の治安を守るためにも、彼らがテロなどに走らないよう十分に行動を監視する必要があるんだ」

だが、今回取材全般の交渉にあたったナイロビ支局の取材助手Ａは、彼らの説明をまるで信じていなかった。

「奴らの狙いは『情報』だよ」とＡは私に向かって言った。「ウガンダ政府にとって、元少年兵たちは『宝の山』だ。彼らをうまく手なずけた後、反政府勢力の拠点や組織系統などの情報を聞き出して、きっと南スーダンや周辺国に売っている――」

南スーダンが内戦に陥って以降、政府軍や反政府勢力に捕らえられた子どもの数は推定約一万七〇〇〇人（ユニセフ推計）。彼らは薬を打たれて兵士として戦闘に参加させられたり、地雷除去のために地雷原を歩かされたり、性奴隷として兵士の欲求不満のはけ口に使われたりしている。未来を託され、守られるべき小さな命は、ここでは単なる大人のための補充可能な「道具」でしかない。


二〇一七年三月、日本政府は南スーダンからの自衛隊の撤収を決めた。

その理由について、安倍晋三首相は「南スーダンの国創りが新たな段階を迎える中、自衛隊が担当する施設整備は一定の区切りをつけることができると判断した」と述べた。

劇場型国際政治――。

そんな造語が頭に浮かんだ。

目の前にある事実を無視し、あるいは隠蔽し、都合の良いように加工して、自らの目的を達成するためだけの「材料」として使う。二〇一六年七月の大規模戦闘以降に継続された南スーダンの自衛隊派遣は、いわばそのきっかけ作りに使われただけにすぎなかったのではなかったか。

日本とは何か――。

日本の国際貢献とは何か――。

「妹がまだ反政府勢力の下で働かされているんです。とても素直な良い子なんです。日本の力でなんとかして助け出してくれませんか?」

そう懇願する小さな声が私の耳の奥で響いた。

南スーダンの首都ジュバから撤収するため、帰国便に乗り込む自衛隊員

JAPAN
JAPAN

布施祐仁

第11章

辞任

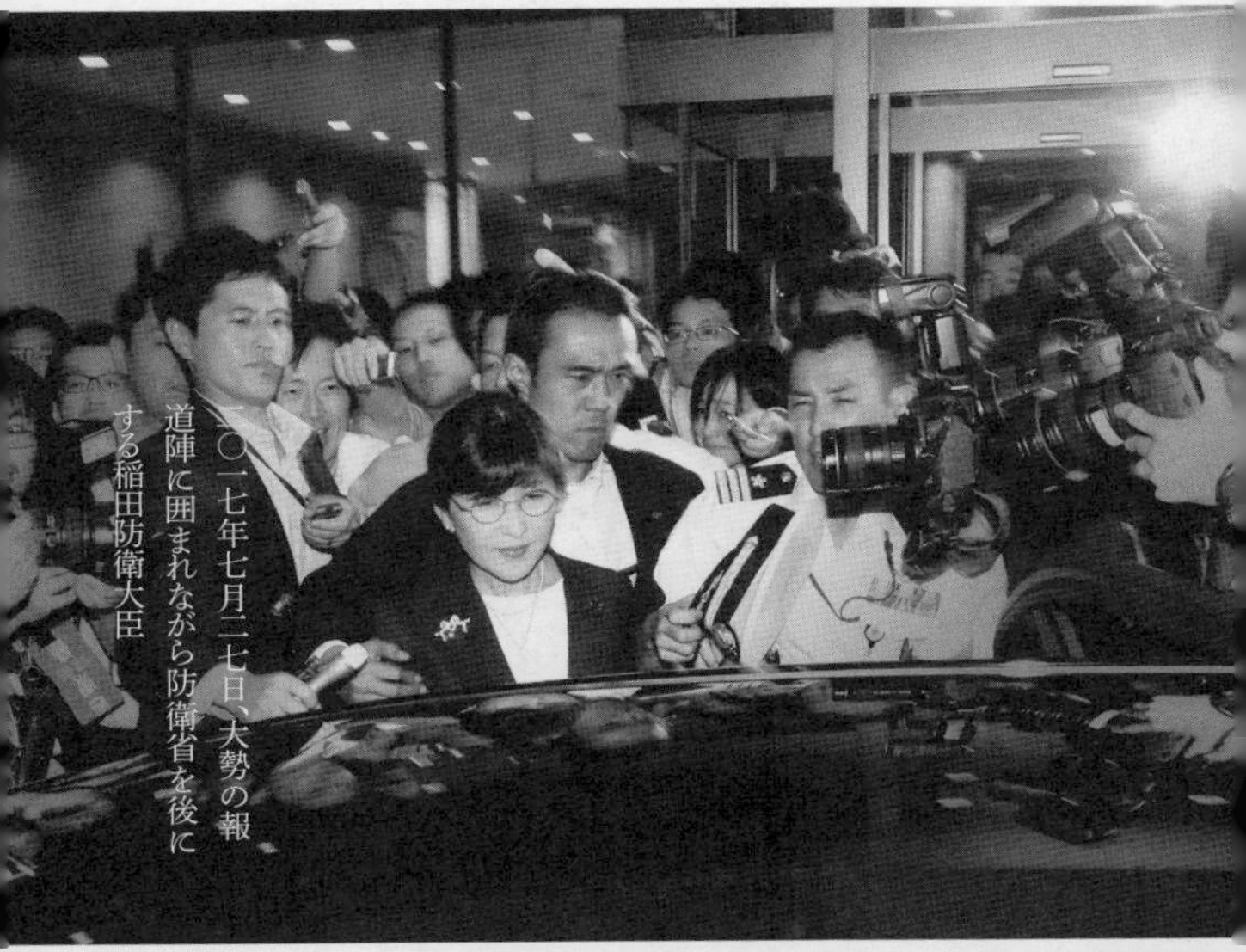

二〇一七年七月二七日、大勢の報道陣に囲まれながら防衛省を後にする稲田防衛大臣

撤収決まれども現地では……

「PKOの陸自隊員一時拘束　南スーダンで政府軍に」――このショッキングなニュースが飛び込んできたのは、二〇一七年三月一八日の夜一一時過ぎのことであった。

報道によれば、現地時間で同日午前一〇時頃、自衛隊宿営地から南に約一・五キロの道路沿いの商店で迷彩服を着用した隊員五人が衣料品を購入している最中、南スーダン政府軍の兵士二人から「武器の取り締まりをしている」と尋問を受け、保持していた武器を没収された上で連行されたという。

隊員たちが連行されたのは、北に約四キロ離れた道路沿いの広場で、市民から没収した武器の集積場とされていた。そこまでの移動は自衛隊車両が使われ、政府軍兵士の指示で隊員が運転した。その後、連絡を受けた日本大使館の紀谷昌彦大使らが広場に向かい、政府軍と直接交渉。午前一一時頃に解放され、全員が無事に宿営地に戻った。

南スーダン政府と政府軍からは「国連派遣部隊が武器取り締まりの対象に入っていないことを二人の兵士が認識しておらず誤解だった」と謝罪があったという。

ジュバでは市民から武器を取り上げる〝刀狩り〟がたびたび行われているが、PKO部隊の要員は言うまでもなく対象外だ。PKO部隊の要員は、国連が南スーダン政府と結んでいる地位協定で武器を所持することが認められている。自衛隊員から武器を一時没収した南スーダン政府軍の兵士二人はそのことを認識していなかったというが、普通はあり得ない話である。だが、そのあり得ないことが起こるのが南スーダンなのである。とにかく、何事もなく全員が無事に解放されて本当によかった。第一報が入った時、日本政府もかなり肝を冷やしたのではないか。

稲田大臣はそれから一週間後の三月二四日、陸自南スーダン派遣施設隊の五月末までの撤収を正式に命令した。四月一九日には第一陣約七〇人が帰国し、その後、五月六日に一一五人、五月一四日に一二九人と続き、五月二七日には第一一次隊の田中仁朗《よしろう》隊長以下約四〇人が最後の帰国を果たした。

ＵＮＭＩＳＳ（国連南スーダン派遣団）司令部への幕僚の派遣は継続するものの、二〇一二年一月から五年五か月にわたって続いた施設部隊の派遣はここで幕を閉じた。派遣された隊員は、のべ三八五四人に上る。

この間、派遣施設隊は約二一〇キロの道路の補修を行い、国連の文民保護区域をはじめとして約五〇万平方メートルの用地造成も行った。二〇一三年一二月と二〇一六年七月にジュバで大規模な戦闘が発生した際には、避難民への緊急支援も行った。

政府の政治判断に対する評価がいかなるものであっても、現場の隊員たちが灼熱のアフリカの地で汗を流した成果と貢献は決して消えるものではない。

そして、最後まで一人の犠牲者も出すことなく任務を終えられたことが何よりであった。自衛隊に関する主義主張とは関係なく、ほとんどの日本人が安堵したことだろう。

水面下の駆け引き

一方、日報の隠蔽疑惑をめぐる特別防衛監察の結果は、なかなか出てこなかった。稲田大臣は、二〇一七年三月一六日の衆議院安全保障委員会で、「必要があれば中間報告等も含めて検討しつつ、できるだけ早く（監察）結果の報告を求めたい」と答弁していた。また、三月二一日の記者会見でも、「国会で中間報告を求める要請もあったので、適宜適切に何らかの報告をすることも検討していきたい」と語っていた。これらの発言に基づき、野党は中間報告を早く出すように求めたが、防衛省の対応は遅々として進まなかった。

四月七日には、陸上自衛隊が独自に行った内部調査の報告書を監察本部に提出したとＮＨＫが報じた。この報道によれば、二〇一六年一二月に稲田大臣が日報の再探索を命じた後、陸上幕僚監部の端末内に日報データが保管されていることが判明し、岡部陸上幕僚長にも一連の経緯が報告されていたことが陸上自衛隊の内部調査でも確認されたという。

この段階で、少なくとも廃棄したとしていた日報が陸自に保管されていたこと、それが上層部に報告されたにもかかわらず公表されなかったことの二つは事実として認定し、発表できたはずである。

四月一四日には、衆議院安全保障委員会の理事会で、山口壮《つよし》委員長が防衛省に対し、「今国会中の委員会での審議に資することができるよう、監察結果を本委員会に速やかに提出する努力をお願いしたい」と求めた。

この直後、私のもとに防衛省関係者から、ある情報が寄せられた。それは、防衛省が特別防衛監察の中間報告をゴールデンウィーク前に出す方向で検討しているというものであった。

しかし、ゴールデンウィークの直前に、中間報告は取り止めになったと連絡がきた。ゴールデンウィーク後も、防衛省はいっこうに中間報告を出そうとしなかった。前出の防衛省関係者は、「野党やマスコミの関心は加計《かけ》学園問題に向いているので、（日報問題で）すぐに何かを発表しなければならないという雰囲気はなく、最近は監察結果の公表は先送りされるのではないかとの見方が広がっている。いずれにせよ、国会審議や都議選に影響を与えないことが至上命題です」と省内の雰囲気を伝えてくれた。

この頃、安倍首相の知人が理事長を務める学校法人「加計学園」（岡山市）が政府の国家戦略特区制度を使って愛媛県今治《いまばり》市に獣医学部を新設する計画をめぐり、政治的な力が不当に働いたのではないかという疑惑が浮上していた。五月一七日に朝日新聞がスクープした文部科学省の内部文書には、特区を担当する内閣府から「官邸の最高レベルが言っている」「総理のご意向だと聞いている」などと言われたことが記録されていた。

この内部文書について、菅官房長官は「怪文書みたいな文書」と切り捨て、文科省も同一の文書の存在を否定した。ところが、この直後、文科省の事務方トップとして計画に関わってきた前川喜平《きへい》・前文部科学事務次官が会見し、「文書は確実に存在していた」と証言。政治の力によって「公正公平であるべき行政が歪められた」と批判した。以後、森友問題に続いて加計問題がいっきに国会論戦の焦点に躍り出た。

また、国会会期末が近づく中、安倍政権が今国会で成立させようとしていた「共謀罪」関連法案の審議も佳境を迎えていた。

官邸からの指示があったのか、防衛省の忖度《そんたく》なのかは不明だが、野党にこれ以上の追及材料を与えてはならないという判断から、特別防衛監察の結果公表は先送りされた可能性が高かった。

そんな中、フジテレビが五月二七日に日報問題に関する特ダネを報道する。

私が二〇一六年七月一六日付で行った「(戦闘期間中に)陸自中央即応集団司令部と南スーダン派遣施設隊との間でやり取りされたすべての文書」の開示を求める請求に対

し、中央即応集団司令部の幹部の指示で日報の存在を隠蔽していたことが複数の関係者の証言で明らかになったというのだ。

同報道によれば、中央即応集団の担当者が日報のデータが残っていることを確認して上司に報告したところ、上司は「バカ正直に出せばいいってもんじゃない」などと叱責し、日報を開示しないよう指示。これを受けて担当者は、日報は個人保管の文書で行政文書には該当しないと陸上幕僚監部に説明し、同監部もこれを了承したため、九月中旬に日報を除いた文書だけが開示されたという。

これが事実であれば、日報はまさに隠蔽されていたことになる。私の開示請求が受け付けられた七月一九日時点で、中央即応集団司令部に戦闘期間中の日報が存在していたにもかかわらず、意図的に開示対象から外されていたのである。だから、あの時、「人員現況」などの軽微な文書しか出てこなかったのだ。

本来開示すべき日報を陸自が意図的に隠蔽したという重大なニュースであったが、三月一五日にＮＨＫがスクープした時と違って他のマスコミがまったく後追いしなかったため、残念ながらあまり話題になることはなかった。野党議員が国会の委員会で質問したが、答弁した防衛省の政府参考人は相変わらず「特別防衛監察中なのでコメントを控えたい」―と繰り返すだけであった。

変わらない防衛省・自衛隊の隠蔽体質

フジテレビが報道した通り、最初の私の開示請求への対応が意図的な隠蔽だったとなれば、隠蔽に関与した職員は処分が避けられないだろう。

実は、ずっとそのことが気になっていた。

フジテレビの報道は、中央即応集団司令部の幹部がなぜ、「バカ正直に出せばいいってもんじゃない」と言って日報の隠蔽を指示したのかという「動機」には触れていなかった。

だが、自衛隊宿営地目前での激しい戦闘状況や自衛隊自身が流れ弾や巻き込まれのリスクに晒されていたことが記された日報を開示すれば、撤収議論に火が点きかねないと懸念したことは容易に想像できる。

ただ、もう一方では、現場の隊員たちが危険に晒されているのに、司令部がその情報を自ら隠そうとするだろうかという疑問もぬぐえなかった。むしろ、司令部としては、現地の正確な状況を国民に知ってもらい正しい政治判断につなげてほしいと思うのが自然なのではないか。にもかかわらず、日報の隠蔽を指示したのは、「派遣継続ありき」の安倍政権の意向を忖度したからではないか――。

もしそうであるならば、実際に隠蔽を指示した陸上自衛隊幹部だけでなく、そもそも戦闘が発生し内戦が再燃したにもかかわらず派遣の継続を決め、日報を隠蔽しなくてはならないような状況を作った政治の責任こそが問われなければならないはずだ。政治家がその責任を取らず、隠蔽を実行した自衛隊員だけを処分したら、防衛省・自衛隊の「政軍関係」に重大な禍根を残すだろう。

私は、こうした意見をツイッターに繰り返し書いていた。それに対して、昨年までいわゆる「キャリア官僚」として防衛省に勤めていた男性から異論が寄せられた。

〈現場の暴走と政治の決定は何も関係ありません。やはり、問題の根本は防衛省と自衛隊の隠蔽体質なのだと思います。自衛隊は政治に絡まなくても海自のいじめ隠蔽みたいにほっとけば隠蔽します。懲戒したり更迭したりして引き締めない限り体質は変わりません〉

防衛省内部をよく知る人の指摘だけに説得力があった。

確かに、自衛隊ではこれまでも隠蔽事件が繰り返されてきた。二〇〇四年に海上自衛隊の護衛艦「たちかぜ」の乗組員が先輩隊員からのいじめを苦に自殺した事件では、遺族が情報公開を求めた内部調査のアンケートを「すでに廃棄した」と偽って隠蔽していた。

この事件では、上官がいじめを放置し続けたために自殺に追い込まれたなどとして、被害者の遺族が損害賠償を求めて国を提訴した。国側は、自殺はギャンブルによる借金が原因でいじめとは関係ないとし、アンケートについても廃棄したと主張し続けた。しかし、二〇一二年、防衛省の訴訟担当者であった三等海佐が「海自がアンケートを隠している」とする意見陳述書を提出したことで隠蔽が発覚した。内部告発であった。三等海佐は「自衛隊は国民にうそをついてはいけないという信念で告発した」と法廷で証言した。

二〇一四年四月、二審の東京高裁は自殺といじめの因果関係を認め、国と先輩隊員に計約七三三〇万円の賠償を命じる判決を出した。判決は、海自がアンケートを隠蔽したことについても「違法」と認定し、「原告側はアンケートなどに基づき主張立証をする機会を奪われた」として、別に二〇万円の賠償を命じた。国は上告せず、原告勝訴が確定した。

この問題では、内閣府（当時）の情報公開・個人情報保護審査会も、「処分庁（註：防衛省）には組織全体として不都合な事実を隠ぺいしようとする傾向があったことを指摘せざるを得ない」と答申（二〇一三年一〇月）で異例の批判を行った。

しかし、不都合な事実を隠蔽する体質が陸自にあるとしても、今回の日報隠蔽では何がその動機だったのか。日報には、陸上自衛隊の不祥事が記されていたわけではない。

私には、南スーダンからの撤収を回避するということ以外に、陸自が日報を隠す動機は思いつかなかった。

逆風の中、揺らぐ政権

結局、特別防衛監察の報告が何も出されないまま、国会は二〇一七年六月一八日の会期末を迎えた。与党が会期を延長しなかったのは、国会審議が六月二三日告示の東京都議会議員選挙に影響することを恐れての判断であった。会期を延長すれば、野党に加計学園問題で追及の機会を与えてしまうからだ。

文科省は六月一五日、一度は「存在を確認できなかった」とした「総理のご意向」などと書かれた内部文書について、再調査の結果、内容が同一の文書が見つかったと発表。政府は追い詰められていた。与党は、会期延長せずに共謀罪関連法案を成立させるため、参議院で委員会採決を省略して本会議にかける〝禁じ手〟を使った。

このような強硬策は内閣支持率に響いた。マスコミ各社の世論調査で、支持率が軒並み一〇ポイント前後の急落を見せ、支持率と不支持率が逆転したところもあった。

それでも、都議選投票日の七月二日まで二週間のインターバルを置けば、都民は忘れてくれると踏んでいたのだろう。しかし、その思惑は完全に外れた。

投票日まであと五日となった六月二七日、稲田防衛大臣による舌禍事件が発生したのである。

東京都板橋区で開かれた自民党候補の集会で演説した稲田氏は、「ぜひ当選、お願いしたい。防衛省、自衛隊、防衛相、自民党としてもお願いしたい」と発言したのである。公職選挙法は「公務員が地位を利用して選挙運動をしてはならない」と定め、公務員に政治的な中立性を求めている。稲田大臣の発言はこれに抵触するばかりか、自衛隊の政治利用とも受け取られかねないものであった。

結果的に、都議選で自民党は五七から二三へと議席を半分以下に減らす歴史的惨敗を喫した。稲田大臣が〝戦犯〟の一人であることは明らかであった。七月七日の朝日新聞は、安倍首相が局面転換を図るため八月初旬にも内閣改造に踏み切る方針を固めたと報じた。記事は「政権内でも批判が高まっている稲田氏は交代させる方向だ」と締めくくっていた。

時を同じくして、私のもとに複数の防衛省関係者から「内閣改造前の七月下旬にも特別防衛監察の結果が公表されるかもしれない」という情報が入った。関係者の一人は、七月二一日になるのではないかと予測していた。理由は、八月初旬の内閣改造の直前だと、稲田大臣が日報問題で事実上更迭されたとみなされかねないからだと話す。内閣改造で交代するにしても、「再起」のチャンスを残すために稲田大臣にはなるべく傷をつけない——これが安倍首相の意向を忖度した防衛省幹部たちの「至上命題」になっているという。

稲田大臣の疑惑が浮上

「さすがにここまで腐った組織だとは思いませんでした。事実でも事実無根と言うでしょう」

防衛省関係者から連絡が入ったのは、二〇一七年七月一九日の早朝だった。

この日の未明、共同通信が次のようなスクープを放ったのだ。

二月中旬に陸自にも日報が保管されていた事実を隠蔽する方針が防衛省上層部によって決定された際、稲田大臣もその方針を了承していたことが複数の政府関係者の証言で明らかになったというのである。

三月中旬にＮＨＫの報道（陸上自衛隊に日報のデータが一貫して保管されていた、とのスクープ）があった当初から、稲田大臣に話が通っていないはずがないと訴えてきた私としては、「やっぱりか」という感想であった。

これが事実であれば、稲田大臣は組織的隠蔽に自ら加わりながら素知らぬ顔で虚偽答弁を繰り返し、白々しく「（陸自の日報保管を非公表としたことが）事実であるとするならば防衛省・自衛隊に対する国民の信頼を大きく損ねかねない」と言って特別防衛監察を指示したことになる。大臣辞任どころか議員辞職に値するし、安倍首相の任命責任も厳しく問われることになるだろう。

共同通信の報道によると、二月一五日に日報問題への対応について協議する緊急会議が防衛省で開かれ、稲田大臣や事務方トップの黒江哲郎事務次官、豊田硬官房長、岡部俊哉陸幕長、湯浅悟郎《ゆあさごろう》陸幕副長らが出席。その場で、陸自に保管されていた日報のデータは隊員個人が収集したもので公文書には当たらないなどとした上で、「事実を公表する必要はない」との方針が決定され、稲田大臣も異議を唱えず、了承したという。

前出の防衛省関係者の予想通り、稲田大臣は「隠蔽や非公表を了承したとかいう事実はまったくない」と報道内容を全面否定した。

しかし、今度はマスコミ各社が共同通信のスクープを一斉に追いかけ、次々と新事実が明らかになっていく。

七月二〇日には、陸自幹部が特別防衛監察の聴取に対して、日報データ保管の事実を二月に稲田大臣に報告したと証言していたと日本経済新聞などが報じた。こうした報道を受けて、菅官房長官は二〇日の会見で「報道されていることの事実関係も徹底した調査を行うことが極めて大事だ」と語り、制度上は監察対象外の稲田大臣についても調査の対象になり得るとの認識を示した。

これで、七月二一日にも予定されていた特別防衛監察の結果公表は延期された。すでに結果報告書の原案は完成し、官邸への説明も行われていた。しかし、原案には、陸自側が日報データ保管の事実を稲田大臣に報告したことも、それを非公表にする方針を稲田大臣が〝了承〟したことも盛り込まれていなかった。そのこともマスコミにリークされ、監察本部は稲田大臣への「追加聴取」を行う必要に迫られたのである。

七月二一日、稲田大臣は防衛省内で約一時間、防衛監察本部の聴取を受けた。しかし、それは「茶番」ともいえるものであった。大臣の特命を受けて行われる特別防衛監察が、大臣の疑惑について厳正に調査できる担保は何もない。それは調査というより、アリバイ的に稲田大臣の主張をただ聞き取るだけに終わることは目に見えていた。稲田大臣は、陸自から日報データ保管の報告は受けていないとの従来の主張を伝えたという。

聴取前に行われた閣議後会見では、稲田大臣に厳しい質問が次々とぶつけられた。

稲田大臣はそこでも、自らの関与を否定した。稲田大臣が非公表を了承したと報じた共同通信の記者が「複数の防衛省・自衛隊の幹部が隠蔽を了承してもらったと言っているのは、複数の幹部が嘘をついているというふうに大臣は言うのか」と迫ると、「嘘をついているということではないが……」と前置きしながら、「私は日報を非公表とする、また隠蔽するということを了承したということもなければ、そういった日報が存在するという報告を受けたこともない」と繰り返した。

動画で観《み》た稲田大臣は憔悴し切っており、自らの疑惑をとにかく否定するのに精一杯のように見えた。

大臣の関与を示す「手書きメモ」

自らの関与を認めようとしない稲田大臣への反発からか、防衛省・自衛隊内部からの情報流出は止まらなかった。七月二一日、今度はフジテレビが決定的な〝証拠〟をスクープする。二〇一七年二月一五日の会議の内容を記録した防衛省幹部のメモを独自入手したと報じたのだ。

メモには、岡部陸幕長が陸自内にも日報データが残っていたことを報告すると、黒江事務次官が「どのように外に言うかは考えないといけない」「(データが)残っていると国会で言うのは、もたない」「なかったと言ってたものが、あると説明するのは難しい」などと述べ、稲田大臣が「いつまでこの件を黙っておくのか」と発言したことが記録されていたという。「いつまでこの件を黙っておくのか」という大臣の発言は、陸自に日報データが存在していたことを認識していなければ絶対に出てこないものであった。

七月二五日、フジテレビはさらに、二月一三日に稲田大臣と陸自幹部が大臣室で協議した内容を記録した手書きのメモも入手し、現物も映してこれを報じた。

メモには、次のやり取りが記されていた。

稲田大臣「日報はアップロードして削除する。いつの日？」
堺・陸幕運用支援課長「破棄するタイミングはまちまち」
稲田「一一次隊までは全部破棄している？　何日後に破棄している？」
堺「破棄されています。七／七―一二は」
辰己・統幕総括官「破棄もれがある」
（中略）
稲田「CRF　七／七―一二のもあったということ？」
湯浅・陸幕副長「紙はないとしか確認しなかった。データはあったかというと、あった」
（中略）
稲田「明日何て答えよう」

この会合の直前、稲田大臣は野党議員から、陸自がいつ日報データを削除したのかがわかる記録を提出するよう求められていた。だから、このメモにあるように、データの廃棄日時について陸自や統幕の幹部たちに尋ね、中央即応集団司令部に日報データがあったという報告を受け、そして、「明日何て答えよう」と翌日の国会答弁のことを気にしているのだ。

確かに、フジテレビが入手した二月一三日と一五日の会議の記録メモでの稲田大臣の発言（「いつまでこの件を黙っておくのか」「明日何て答えよう」）からは、稲田大臣が非公表の方針を了承した事実までは確認できない。

しかし、陸自に日報データがあった事実は間違いなく報告されているし、稲田大臣がそのことを認識したことも読み取れる。ただ、了承については、報告を受けたものの、どうしたらよいか自ら判断できず、結果的に防衛省の幹部たちに判断を委ねた可能性は考えられる。どちらにせよ、これらの会議の記録メモがねつ造されたものでない限り、稲田大臣は公表を指示しなかったのに加えて、その後も陸自に日報データがあったことを知りながら「ルールに則り廃棄された」と虚偽答弁を重ねたことになる。

七月二六日、メモについて記者団に尋ねられた稲田大臣は「確認していない」と答え、陸自からの報告の有無についても、「今まで国会で申し上げてきた通りだ」と重ねて否定したという。

特別防衛監察の結果は七月二八日に公表されるとの見通しが広がっていた。数々の内部証言や会議の記録メモで明らかになった稲田大臣の関与が、監察結果に反映されるかどうかが最大の焦点であった。

相次ぐ情報リークの背景

私は、稲田氏は防衛大臣にふさわしくないと考えていたが、防衛省・自衛隊内部からマスコミに次々と情報がリークされ、大臣が窮地に追い詰められていく状況には複雑な気持ちがした。シビリアンコントロール（文民統制）の観点からいって正常な状態ではないことは明らかだった。

折しも、北朝鮮の核・弾道ミサイル開発をめぐって軍事的緊張が高まっていた。仮に今、日本の安全保障に関わる重大事態が生じたら、稲田大臣は防衛省・自衛隊をしっかりと指揮・統制することができるだろうか――そんな不安がよぎる状況であった。

それに、もし稲田大臣を辞めさせるために防衛省・自衛隊内部から虚偽の情報がリークされているとしたら、それこそ「軍部の暴走」であり、シビリアンコントロールの危機である。その意味でも、真実をはっきりさせる必要があるし、それができるかどうかが安倍政権がシビリアンコントロールの責任を果たせるかの試金石だと思った。

それにしても、防衛省・自衛隊内部からマスコミへの情報リークが相次いでいるのは、なぜなのか。防衛省・自衛隊内部で一体何が起きているのか。

七月二〇日の朝日新聞は、その背景を次のように記していた。

　この時期に稲田氏の関与の可能性が浮上した背景に、稲田氏や内部部局幹部らへの陸自側の「不信感」を指摘する声は少なくない。

　防衛監察本部による日報問題の調査は七月に大詰めを迎え、関与したとされる幹部を処分する案も関係者に示され始めていた。処分案を見た防衛省幹部は「責任の八割は陸自の隠蔽体質や文書管理にあったとする内容。陸自は黙っていない」と感じたという。

　今年三月に日報データが陸自内で保管されていたと報じられたのを受け、陸自は内部調査に着手。その結果を防衛監察本部に伝えていた。陸自幹部は「日報の取り扱いや電子データの管理に不手際があったのは事実で率直に認める。だが、大臣らに逐一報告して指示を仰いできた」と証言する。別の幹部も「陸自の調査結果と、処分案の差にあぜんとした」と打ち明ける。（「朝日新聞」二〇一七年七月二〇日朝刊）

　これと同様の話は私も防衛省関係者から耳にしていた。特別防衛監察は、陸自の調査結果を十分に反映させず、陸自だけに責任を押し付けようとしているというのだ。それが最も露骨な形で表れたのが、「岡部陸幕長更迭、黒江事務次官続投」という人事案であった。

この話を聞いた時、私は耳を疑った。

これまで報道された通り、私の二度にわたる情報公開請求に対して陸自が意図的に日報を隠蔽したとするならば、岡部陸幕長がその決定に直接関与していなかったとしても、陸自トップとして更迭はやむを得ないだろうと考えていた。しかし、黒江事務次官が続投ということは、黒江氏をはじめ背広組幹部たちが主導して陸自にも日報データが一貫して保管されていた事実を隠蔽した件は一切不問にするということである。

七月二〇日に共同通信が配信した記事によれば、岡部陸幕長は二月一五日の会合で陸自に日報があった事実を非公表とする方針が決められた翌一六日も黒江次官のもとを訪れ、本当に公表しなくて良いのか見解をただしたという。それでも黒江次官は、方針を変えなかった。

黒江次官の責任が不問とされ、岡部陸幕長だけが更迭という処分案は、明らかに公平性を欠いており、陸自側が不満を抱くのは当然であった。あまりにも理不尽な人事ではあったが、前出の防衛省関係者によると「本当にやりかねない」という。

「日報問題をめぐり、防衛省では制服組と背広組が『刺し合い』をしているのが現状です。相手を刺し殺さなければ、自分が刺されます。監察結果がどうであれ、政治的に誰かの首をあげなければなりません。そして組織全体の維持のためには、はねられる首はできるだけ少ない方がよく、誰か一人に責任を押し付けるのが理想なのです」

しかも、この人事は内閣改造前に稲田大臣の下で行われる予定だという。稲田大臣や背広組幹部たちの疑惑は不問に付し、陸自だけに責任を押し付けて、内閣改造にともなう防衛大臣交代をもって日報問題の幕引きを図る——まさに、「トカゲのしっぽ切り」と言うべき政治的なシナリオであった。

事務次官の人事を決めることができるのは官邸だけである。黒江続投も官邸の意向だという。官邸が守ろうとしたのは黒江次官ではなく、政権そのものであった。

しかし、ここまで背広組幹部や稲田大臣の疑惑が報じられながら本当にこんな人事が実行されれば、陸自も黙っていないだろう。戦前の陸軍青年将校らによるクーデター未遂事件と重ね合わせて、「陸は動きますよ。武器を使わないだけで、まるで二・二六（事件）です」とギョッとするようなことを口にする防衛省関係者もいた。

たとえ、そうならなかったとしても、政府や防衛省背広組への陸自の不信感は修復不可能となり、今後に深刻な禍根を残すことになる。それだけは、絶対に避けなければならない。

陸幕長、事務次官、大臣の引責辞任

「陸自トップ、辞任へ／稲田防衛相に伝達／日報問題で引責」

二〇一七年七月二七日、朝日新聞が朝刊の一面トップで、岡部陸幕長が日報問題の責任を取って辞任する意向を固め、稲田大臣に伝えたと報じた。記事によると、岡部陸幕長が稲田大臣に「情報公開請求への対応や陸自内に日報データが保管されていた問題の監督責任を取って辞職したい」と申し出たことを政府関係者が明らかにしたという。

本当に、陸自だけに責任を押し付けるのか。これはとんでもない禍根を残すぞと思っていたら、午前一〇時半頃、テレビ朝日が「防衛事務次官と陸上幕僚長が辞任へ」というニュースを流した。ギリギリのところで踏みとどまったか。電車で移動中にスマートフォンでこのニュースを見た時は、全身から力が抜けた。

午後七時過ぎ、今度はNHKが「稲田防衛相　辞任の意向を固める」と報じた。

辞任は当然だと思った。陸幕長と事務次官が揃って辞任するのに、大臣が何も責任を取らずにそのまま居座るということはあり得ないだろう。問題は、稲田大臣の関与の真相が明らかになるかどうかだ。

直後、マスコミ各社からコメントを求める電話が相次いだ。翌日の朝日新聞の朝刊には「(防衛監察本部に)調査を命じた稲田氏への調査には限界がある。稲田氏自身が隠蔽に関与した疑惑がある以上、辞めれば済む話ではない。徹底した真相究明が必要だ」とのコメントが掲載された。その横には、北海道の部隊に所属する四〇代の幹部自衛官のコメントも載っていた。

「一番心配なのは、誰が隠蔽を指示していたか、稲田大臣本人が了承したかどうかがはっきりしないまま幕を引かれてしまうこと。問題がうやむやになれば、それこそが最大の隠蔽と言われてしまう」

稲田大臣の疑惑の真相が解明されるかどうか――これは、二五万人の自衛隊員の士気にも関わる問題であった。

意図的な隠蔽を認定したが……

二〇一七年七月二八日の午前一一時頃、ついに特別防衛監察の結果が公表された。監察が開始されてから、四か月以上が経っていた。

監察の結果、認定された「事実」は次のようなものであった。

まず、私が二〇一六年七月一六日付で行った情報公開請求(請求件名は「二〇一六年七月六日〜一五日の期間に中央即応集団司令部と南スーダン派遣施設隊との間でやり取りした文書すべて」)に対して、陸自中央即応集団司令部の担当者が文書を探索したところ、日報も含む複数の文書を特定した。

しかし、それを中央即応集団の国際担当の副司令官に報告したところ、副司令官は日報が開示対象から外れることが望ましいとの意図をもって、日報を行政文書とせずに他の文書で対応できないか陸上幕僚監部と調整するよう指導した。指導を受けて、担当者が陸上幕僚監部と調整したところ、日報を開示対象から外すことについて了承された。その後、この対応について統合幕僚監部にも意見照会がなされ、統合幕僚監部の関係職員は「意見なし」と回答。防衛省は九月一六日、日報が除かれた複数の該当文書を開示することを決定した。

次に、私が九月三〇日付で行った二度目の情報公開請求（請求件名は「南スーダン派遣施設隊が現地時間で二〇一六年七月七日から一二日までに作成した日報」）に対する対応である。

中央即応集団の担当者は、日報が同司令部に保管されていたにもかかわらず、一度目の開示請求と同じように日報を開示しない方針を決め、陸上幕僚監部に確認したところ了承された。陸上幕僚監部は、日報は「既に破棄されており、不存在である」とする探索結果を提出した。その後、この対応について統合幕僚監部にも意見照会がなされ、統合幕僚監部の関係職員は「意見なし」と回答。防衛省は一二月二日、文書不存在につき不開示とすることを決定した。

監察結果は、日報が存在するのを知りながら意図的に開示しなかったこれらの行為を、情報公開法の行政文書の開示義務違反、自衛隊法の職務遂行義務違反に該当すると結論付けた。

さらに、陸上幕僚監部や統合幕僚監部も、日報をダウンロードして業務に使用していたことから「日報の存在を認識できる状況であった」と認定。日報の存在を知りながら、開示しないことを安易に了承したのは不適切であったと結論付けた。

また、日報のデータが廃棄されたのが、私に対して不開示決定を行った二〇一六年一二月二日の後であったことも明らかになった。

二〇一六年一二月一三日頃、陸上幕僚監部の運用支援・情報部長は、部下から陸自指揮システム上の掲示板に日報データが残っているとの報告を受けたため、「掲示板の適切な管理」を指導。これを受けて、中央即応集団司令部の担当者は、陸自指揮システム上の掲示板にアップロードされていた一二月一一日付までの日報をすべて削除したという。

まさに「組織ぐるみ」の隠蔽である。監察結果報告書で一連の経緯の全体像を知り、武装実力組織の幹部たちによる組織をあげての隠蔽工作に言いようのない恐怖を覚えた。二〇一六年七月にジュバで大規模な戦闘が起こってから、一一月中旬に「駆け付け警護」などの新任務付与が閣議決定され、同月下旬に青森の部隊を中心とする第一一次隊が南スーダンに派遣されるまでのこの期間に、防衛省・自衛隊では、激しい戦闘の状況が記された日報の組織的隠蔽が行われていたのである。

現地の情報が適切に情報公開され、それに基づいて国会や国民の中で新任務付与の是非について十分な議論が行われ、その上で最終的に閣議決定されるというのが、本来の民主的な政策決定プロセスである。それが防衛省・自衛隊の組織的隠蔽によって大きく歪められてしまったというのが、今回の日報隠蔽事件の最大の問題であった。もし違法行為がなされず、閣議決定前に日報が開示されていれば、新任務の付与はできなかったかもしれない。

当初、中央即応集団司令部の担当者が日報を開示しようとしたのに対し、副司令官が開示しないように指導した理由について、監察報告は「部隊情報の保全や開示請求の増加に対する懸念」があったからだと記している。だが、警備の態勢など部隊の安全のために秘匿しなければならない情報は黒塗りすればいいだけの話である。監察報告が公表された翌朝の朝日新聞は、ある「防衛省幹部」の話として、日報に書かれた現地の治安情勢がＰＫＯ参加五原則を満たしていない可能性が高かったことが隠蔽の「本当の理由」であったとの見方を紹介していた。私がつながっていた防衛省関係者も皆、同じ意見であった。

監察結果と同時に、関係者の処分も発表された。最初に日報を開示対象から外すよう指導した当時の中央即応集団副司令官の堀切光彦《ほりきりみつひこ》陸将補が停職五日、陸自指揮システム上の日報データを削除するよう指示した当時の陸上幕僚監部運用支援・情報部長の牛嶋《うしじま》築《きづき》陸将補が停職三日の懲戒処分となった。

一方、陸自指揮システムの掲示板以外にも陸自に日報データが保管されていた事実を非公表とした件については、二月一六日に黒江事務次官が岡部陸幕長に対して非公表とする方針を示したと認定した。これによって、陸自の日報は「用済み後廃棄」のルールに従って適切に廃棄されたという虚偽の説明を続けることになったのは不適切であり、自衛隊法の職務遂行違反に当たると結論付けた。黒江次官は、停職四日の懲戒処分となった。

このほか、統幕の辰己総括官が稲田大臣から日報再探索の指示を受けたにもかかわらず陸幕にその指示を伝えず、統幕で日報の存在が確認された後も一か月間大臣に報告しなかったことなどは自衛隊法の職務遂行違反に当たるとして、停職二日の懲戒処分となった。

特別防衛監察により、「日報隠蔽疑惑」の真相は一定解明されたように思った。ただし、「最大の焦点」とされていた稲田大臣の関与について、結論をうやむやにしてしまった点が最大の欠陥であった。

稲田大臣が二月一三日と一五日の会合で、陸自にも日報データが保管されていると報告を受け、それを非公表とする方針を了承していたとの「疑惑」について、監察結果は次のように結論付けている。

平成二九年二月一五日の事務次官室での打合せに先立つ二月一三日に、統幕総括官及び陸幕副長が、防衛大臣に対し、陸自における日報の取扱いについて説明したことがあったが、その際のやり取りの中で、陸自における日報データの存在について何らかの発言があった可能性は否定できないものの、陸自における日報データの存在を示す書面を用いた報告がなされた事実や、非公表の了承を求める報告がなされた事実はなかった。また、防衛大臣により公表の是非に関する何らかの方針の決定や了承がなされた事実もなかった。

さらに、平成二九年二月一五日の事務次官室での打合せ後に、事務次官、陸幕長、大臣官房長、統幕総括官が、防衛大臣に対し、陸自における日報の情報公開業務の流れ等について説明した際に、陸自における日報データの存在について何らかの発言があった可能性は否定できないものの、陸自における日報データの存在を示す書面を用いた報告がなされた事実や、非公表の了承を求める報告がなされた事実はなかった。また、防衛大臣により公表の是非に関する何らかの方針の決定や了承がなされた事実もなかった。（防衛監察本部「特別防衛監察の結果について」。註：太字は筆者による）

陸自にも日報があったことについて何らかの報告がなされた可能性はあるが、明確に非公表の了承を求める報告はなかったし、そこで大臣が非公表を了承したという事実もなかったというのである。

この点について防衛監察本部は「稲田氏にデータの存在を報告したと証言する者がいる一方、稲田氏を含めた複数の関係者が『そうした報告はなかった』とも証言しており、報告自体を確認できない」と説明したという（「朝日新聞」七月二八日夕刊）。

しかし、フジテレビが独自入手した二月一三日と一五日の打ち合わせの記録メモには、「いつまでこの件を黙っておくのか」「明日何て答えよう」などと稲田大臣が陸自に日報があった事実を認識したことを示す発言が記録されている。

監察本部もこのメモを入手していたが、稲田大臣も含めて複数の関係者が「報告はなかった」と証言していることから、監察結果には反映しなかったというのだ。監察本部は、結果的に、「記録メモ」という物証よりも、個人の記憶に基づく「証言」を優先したのである。

この日、防衛省で開かれた会見で稲田大臣は辞意を正式に表明したが、自らの隠蔽への関与については改めて否定した。監察結果が、陸自にも日報があったことについて稲田大臣に何らかの報告がなされた可能性があるとしている点についても、「報告を受けたという認識は今でもなく、私のこれまでの一貫した情報公開への姿勢に照らせば、報告があれば必ず公表するように指導を行ったはずだ」と否定した上で、「監察の結果を率直に受け入れる」と話した。

その後の質疑応答で、記者から「認識はなかったと言うが、報告を受けたことを忘れてしまった可能性はあるか」と質問されると、「監察でも、書面による報告や了承したという事実はないと確定していただいている。それまで国会答弁でしていたところの施設隊の日報を中央即応集団に報告をして、その後破棄したという報告を覆すような報告はまったくなかったと承知している」と重ねて否定した。

実は、稲田大臣の会見を前に官僚が作成した想定問答集には「私に対する説明の際のやりとりの中で、日報データの存在について何らかの発言があったとすれば、防衛大臣としてしっかりと確認すべきであったと率直に反省したい」という一文があった。だが、稲田大臣がこれを口にすることはなかった。

最後の質問に答えた後、稲田大臣は「最後に改めて申し上げますが」と断り、次のように述べて会見を締めくくった。

「防衛省・自衛隊といたしましては、対国民の皆様との関係において、『日報』は自ら全て提出をいたしてしております。本件の『日報』に関して、隠蔽という事実はありませんでした。防衛省・自衛隊の名誉にかけて、このことだけは申し上げたいと思います。ありがとうございました」

え？　この期に及んでまだ隠蔽を否定するのか？　存在していた日報を意図的に開示しなかったことが隠蔽でなかったら、いったい何が隠蔽になるのだろう。怒りを通り越して、狐《きつね》につままれたような気分になった。だが、ある意味では、実に稲田氏らしい終わり方でもあった。

エピローグ

布施祐仁

満面の笑み

稲田氏の辞任表明から三日が経った七月三一日、市ヶ谷の防衛省で大臣離任式が開かれた。

折しも、稲田氏が辞任した二八日深夜に北朝鮮が大陸間弾道ミサイル（ＩＣＢＭ）の発射実験を強行し、防衛省はその対応に追われていた。この状況では、稲田氏は当然離任式を辞退するかと思われたが、辞退しなかった。

不祥事の責任をとって自ら職を辞したのだから、それなりに神妙な面持ちで離任式に臨むかと思いきや、こちらが面食らうほど清々《すがすが》しい表情をしていた。

髪をさっぱりとしたボブスタイルに変えて現れた稲田氏は、講堂で幹部職員らを前にあいさつをした後、自衛隊の儀仗《ぎじょう》隊《たい》から栄誉礼まで受けた。そして最後は、見送る職員から花束を渡され、満面の笑みを浮かべながら車に乗り込んだ。まるで日報問題で引責辞任したことなど全て忘れてしまったかのような姿であった。

「手書きメモ」という物証まで出てきたにもかかわらず、稲田氏は最後まで「自分は告も受けていないし了承もしていない」と強弁し続けた。

報告を受けていたことを認めたら、意図的に虚偽答弁を繰り返していたことになり、大臣辞任だけでは済まなかっただろう。いずれにせよ、特別防衛監察が稲田氏の隠蔽への関与について結論をうやむやにしたことで、稲田氏の政治生命はかろうじて断たれずに済んだ。

この結果に、一番悔しい思いをしているであろう人物と話をする機会があった。稲田氏を土俵際まで追い詰めた「手書きメモ」をスクープしたフジテレビの古山倫範《ふるやまみちのり》記者である。「手書きメモ」に記録された内容が特別防衛監察の結果に十分反映されなかったことについて、さぞかし不満を持っているかと思っていたら、意外にもクールにこの結果を捉えていた。

「監察本部をかばうわけではないが、彼らは精一杯やったと思う。ただ、これが監察本部の限界。監察本部の調査はすべて任意で、警察のように強制捜査権は持っていない。十分な証拠が揃わなければ、『疑わしきは罰せず』でクロにはできない。でも、監察でクロにならなくても、国民がどう判断するかは別問題で、『手書きメモ』も、だからこそ出てきた。国民に事実を知ってもらいたい、という良心が働いたんだと思っている」

稲田氏は、最後まで「手書きメモ」に記された自らの発言を認めず、疑惑を全否定して自らの政治生命を守ることには成功したかもしれない。だが、国民からの信用という点では、政治家として失ったものは大きかったのではないか。

自らのスクープで「保守派のホープ」とも言われていた稲田氏を追い詰めていくことに、実は複雑な思いもあったという古山記者に、それでも報じたのはなぜかと尋ねると、「隠蔽は防衛省にとってもプラスにはならない。それに、事実を伝えるのは報道機関として当然のこと。報じなければ闇に葬られたであろう『手書きの物証』を表に出したことで、国民の知る権利のために多少なりとも役割を果たせたとしたら、それこそ記者冥利に尽きる」という答えが返ってきた。

古山記者は、私と同じ一九七六年生まれ。安全保障に対する考えは私とは異なるが、テレビ報道の世界にもこのような同世代の記者がいることに少し嬉しくなった。

そういえば、連絡を取り合っていた防衛省関係者の一人から、「私は、安全保障に関する考え方は布施さんと大きく違うかもしれないが、国民に迷惑をかけることだけは避けたい。だから、あなたに期待している」と言われたことがあった。思想信条は違っても、「国家国民のために」という気持ちには違いはないことを実感した。

それにしても、本来、「国家国民のために」という気持ちが強く共有されているはずの防衛省・自衛隊で、一体なぜ、このようなことが起こってしまったのだろうか。

消された事実

実は、今回の特別防衛監察の結果で、なぜか消されてしまった重要な事実がある。

NHKが二〇一七年三月一五日の報道で「防衛省幹部」の話として伝えた、「一月中旬に陸上自衛隊にも日報のデータが保管されていることがわかり、陸上幕僚監部（陸幕）がいったんは公表に向けた準備を進めたが、それまでの説明と矛盾するため『今さら出せない』という判断になった」との証言がそれである。

監察結果が公表された後ではあるが、私はこの証言を裏付ける陸自のある内部文書を入手した。

私が入手したのは、その時の報告に使われた「UNMISS派遣施設隊日報に係る情報開示について」というタイトルのA４一枚の「陸幕長報告資料」である。

監察結果報告書には、二〇一七年一月一七日に、陸幕の運用支援・情報部長と監理部長が陸上幕僚長の岡部俊哉氏に、陸自の複数の部署に日報データが保管されていることを報告したと記されている。確かに、私が入手した「陸幕長報告資料」でも、陸自の「CRF運用室」と「陸幕初対室」で日報データの存在が確認されたことが報告されている。

その上で日報を「行政文書として取扱い、請求に対応すべきだった」「行政文書に関

【陸幕長報告資料】

29．1．17
監理部
運情報

UNMISS派遣施設隊日報に係る情報開示について

趣旨	情報開示請求を受けたＵＮＭＩＳＳ派遣施設隊日報に係る事実関係、今後の対応等について取り纏めたもの	
事実関係	当初の情報開示請求時	河野議員からの問い合わせ以降、現在
	○ 28．10．3 「7月7日～12日、派遣施設隊とやり取りした文書」の存在について情報開示請求があったため、内局は陸幕に当該文書等の探索を依頼 ○ 28．10．4 陸幕からＣＲＦに当該文書等の存否について問い合わせ。 ○ 28．10．13 ＣＲＦは、日報は用済み後破棄するとともに、行政文書として管理していなかったため、陸幕に対して「不存在」と回答 ○ 28．10．14 陸幕は内局へ「不存在」と回答 この際、内局は統幕に対し、「不存在」で回答する旨照会をしたが、統幕は「意見なし」で回答 ◇ 不存在とした理由 用済み後破棄しており、行政文書として管理していなかったため。 ○ 28．12．1 内局は請求者に対し「不存在」と回答 ○ 28．12．12 自民党行政改革推進本部長（河野議員）より事実確認依頼	◇ 日報は、派遣施設隊が作成し、指揮システム上掲示板にデータを貼り付け ◇ 指揮システムにアクセス可能な隊員は、制限なく日報を印刷又はデータをコピーできる状況 ○ 29．1．16現在 陸幕初対室、統幕初対班及びＣＲＦ運用室において、日報データの存在を確認 ○ 29．1．20まで（細部期日は調整中） 河野議員に対して日報を提出予定（全部又は一部） （「行政文書としては存在しないが、個人資料としてのデータを発見した」とのスタンスで） ◇ 本来、複数の者が閲覧可能な状態にあるデータについても行政文書として取扱い、請求に対応すべきであった。
今後の対応	行政文書に関する認識が甘かったため、今後、管理を徹底 下記について、関係部署と調整 ○ 日報の保存期間の考え方について、認識を統一（１１次隊から保管中） ○ 情報公開請求のあった期間（7月7～12日）全ての日報又は一部を公開するのか ○ 日報がどこで見つかったのかについての対外的な説明要領	

二〇一七年一月一七日、岡部俊哉陸幕長への報告に使用された内部文書。日報開示請求から不開示決定に至るまでの経緯や、その評価が記されている。

する認識が甘かった」などと反省の言葉も記されている。そして、今後の対応について、「細部期日は調整中」としつつも一月二〇日までに自民党の河野太郎議員に対して日報を提出する予定だと記している。この日は、通常国会の開会日であった。

ただ、河野議員に提出する際の説明としては「『行政文書としては存在しないが、個人資料としてのデータを発見した』とのスタンスで」と書かれており、陸幕がこの時点で、あくまで文書管理の問題として切り抜けようとしていたことが窺える。いずれにせよ、陸幕は通常国会が始まるまでに廃棄済みとしていた日報が陸自に保管されていた事実を明らかにし、公表しようとしていたのである。

しかし、この重要な事実が、監察報告書ではなぜか消されてしまっているのだ。

ここで一つの疑問が湧《わ》く。なぜ、日報は陸幕の当初方針通り、通常国会開会までに公表されず、結果的に、「陸自ではなく統合幕僚監部（統幕）で見つかった」というスタンスで二月六日に公表されたのか。誰かが、陸自が日報を出すことにストップをかけたのである。

恐らく、黒江事務次官をはじめ防衛省の背広組幹部たちは、陸幕の言う「行政文書としては存在しないが、個人資料としてのデータを発見した」とのスタンスではとても国会を乗り切れないと考えたのではないかと思う。

フジテレビの報道によれば、黒江次官は二月一五日の会合で、「（データが陸自に）残

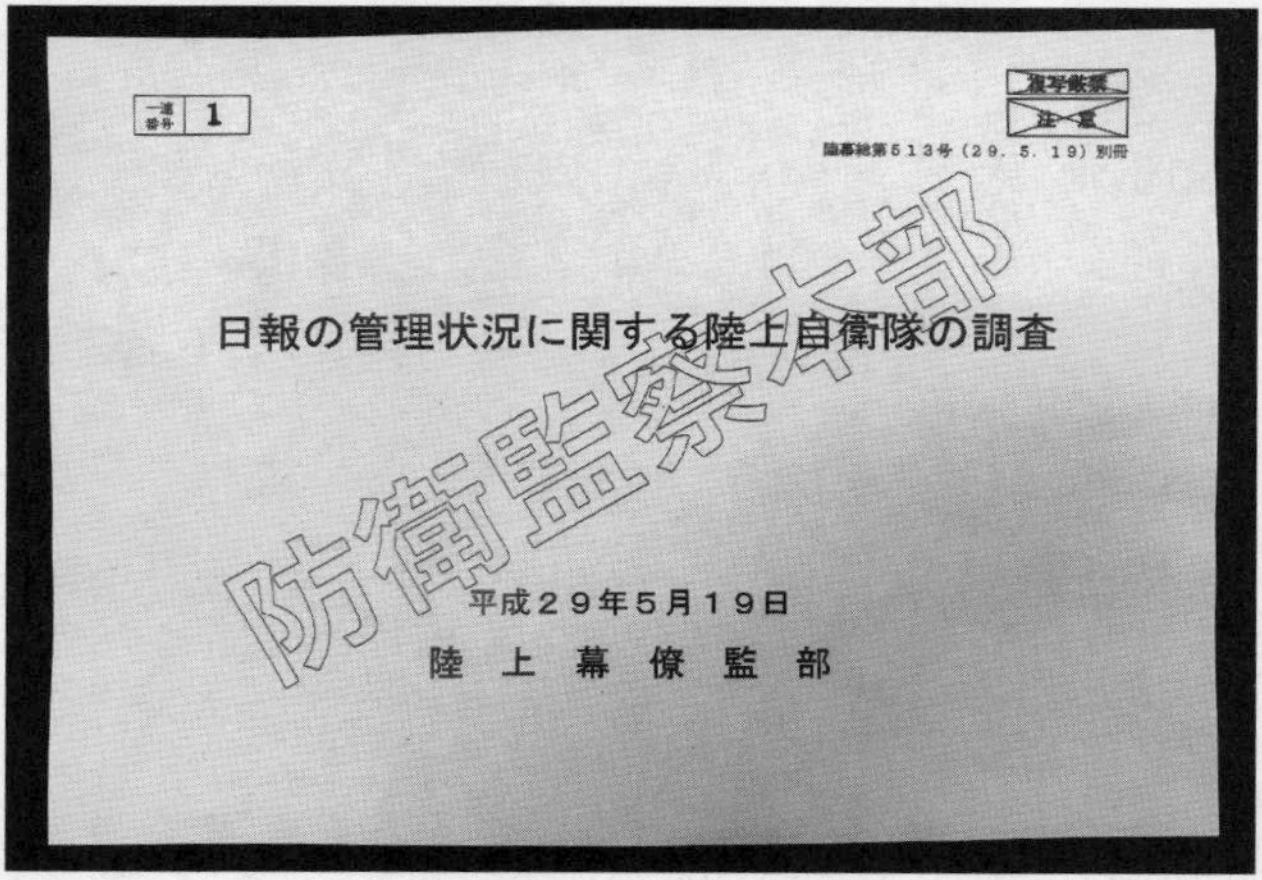
一連番号 1

複写厳禁

注意

陸幕総第513号（29．5．19）別冊

日報の管理状況に関する陸上自衛隊の調査

防衛監察本部

平成２９年５月１９日

陸上幕僚監部

ついに最後まで公表されなかった陸上自衛隊の独自調査報告書。筆者の情報公開請求に対しても表紙以外は全ページ黒塗りとされた。

っていると国会で言うのは、もたない」「なかったと言ってたものが、あると説明するのは難しい」と発言したという。黒江氏には当初から、こういう問題意識があったのではないか。

もし、陸幕が当初考えていたように一月二〇日までに陸自の日報の存在が明らかにされていれば、安倍首相が一月二四日の衆議院本会議で日報が廃棄されていることを前提とした答弁をすることはなかった。首相に国会で事実と異なる答弁をさせたのだから、これは非常に重たいことである。

一月一七日から二三日までの一週間に、果たして防衛省内部で何があったのか。陸幕が国会開会前に日報を公表するのにストップをかけたのは、一体、誰なのか。そして、なぜ、陸幕が日報を公表する準備を進めていた事実が、監察結果では消されてしまったのか。これらの真相は、未だ闇の中である。

この疑問を解き、真相を明らかにする鍵となるのは、公表されていない陸上自衛隊の内部調査報告書である。私の情報公開請求に対して、陸幕がいったんは「フルオープンでいい」と意見を上げたものの、誰かがそれを覆し、開示されたものは表紙以外の全てのページが全面的に黒塗りされていた。いつの日か、この文書が闇の中から引っ張り出され、真実が明らかになることを願っている。

忖度の闇

私がもう一つ、違和感を持っているのは、背広組の〝エリート集団〟である統幕参事官付の職員たちの責任がほとんど問われなかったことである。彼らが日報の存在を認識できる状況にありながら、日報の不開示決定の照会に対して「意見なし」と回答し了承していたことについて、監察結果は情報公開法の開示義務違反と認定せず、「適切ではなかった」という評価で済ませている点である。法令違反とされなかったことから、処分者もいない。

ここにも、隠された事実がある。

稲田大臣は国会で、統幕参事官付で日報の不開示を了承した中に日報の存在を知っていた職員はいないと何度も断言していたが、これは事実ではない。私は、決裁の過程で不開示を了承した職員の中に、南スーダンPKOを担当していた国外運用班の小川修子班長とその部下二人が含まれていたことを防衛省関係者から確認した。この事実は監察本部も確認しているという。国外運用班は日常的に日報を業務で利用する立場にあり、存在を知らなかったはずはない。存在を明確に知りながら不開示を了承するというのは、陸自同様、情報公開法の開示義務違反だ。

さらに関係者によると、統幕参事官付は当初、自分たちが不開示を了承していた責任を逃れるため、統幕の他の部署（運用部第二課）で日報が見つかったことにできないか探っていたという。結果的には、その部署から断られたらしいが、こうした行動こそ、参事官付が自分たちの過ちの重大さを自覚していた何よりの証拠だろう。

しかし、参事官付の職員たちが責任を問われることはなかった。それどころか、外務省に出向して中国・北京の日本大使館の一等書記官となった小川班長をはじめ、軒並み〝栄転〟しているという。

このように、特別防衛監察においても、その後の人事においても、背広組への対応は陸自の制服組と比べて総じて甘いといえる。そうなった理由を、ある防衛省関係者は「二〇一六年秋の新任務付与から日報問題の対応まで官邸に尽くした論功行賞だろう」と指摘し、背景には、「安倍一強」といわれる政治状況があると話す。

「『官邸主導』の名の下、幹部人事も内閣人事局に握られ、官僚は官邸に服従しなければならなくなっている。それが裏目に出たのが、今回の事案だと思う。官邸を守ろうとするが余り、陸自にすべて責任を押し付けようとして反発を招いた」

陸自は、過ちを認めて日報を公表すれば、自らの名誉を挽回できると考えた。しかし、国会対応などを担う背広組は、陸自の日報の存在を明らかにすれば、野党から隠蔽ではないかと厳しい追及を受けて官邸に迷惑をかけると考え、それを回避しようとした。両者の守ろうとするものが、陸自は「自らの名誉」、背広組は「官邸」と違ったのだ。陸自内部からと思われる情報流出が続いたのはシビリアンコントロールの観点から問題ではあったが、今回の事件は、制服組が暴走したというよりシビリアン（文民）である背広組が官邸を守ろうとするが余り迷走したというのが本質であった。結果的に、隠蔽に隠蔽を重ねたことで、防衛大臣と事務次官と陸上幕僚長がそろって辞任に追い込まれるような大事になってしまった。防衛省としては、完全にリスク・マネージメントに失敗した〝負け戦〟であった。

しかし、官邸を守るために「隠蔽隠し」に走った黒江事務次官を始めとする防衛省の背広組幹部たちは、本当に独自の判断でそうしたのだろうか——。これが、今も残る私の最大の疑問である。

防衛省が日報を公表する前の二〇一七年一月二四日、安倍首相は衆議院本会議で日報が廃棄されていることを前提とした答弁を行った。首相の国会答弁は、官邸と所管省庁との間で慎重に答弁案が練られる。官邸側は当然、日報が本当に廃棄されて存在しないのか事実関係の確認を行ったはずだ。この時点で、防衛省内部では既に統幕と陸自で日報の存在が確認されていた。防衛省は、官邸にその事実を伝えず首相をもだましたのだろうか。いや、この段階で防衛省は日報の存在を官邸側にも伝え、対応を相談していたのではないか。もしそうだとしたら、官邸側も最初から知っていたことになる。

特別防衛監察の結果が公表されてから約二か月後の一〇月初め、政府から驚きの人事が発表された。国家安全保障会議（NSC）の事務局である国家安全保障局に「国家安全保障参与」ポストを新設し、黒江哲郎氏を起用したというのだ。

特別防衛監察は、陸自が日報を保管していた事実を非公表とする方針を最終的に決めたのは黒江氏だと認定していた。これを受けて、黒江氏は歴代の防衛事務次官として初めて懲戒処分を受け、引責辞任した。その人物を、辞任からわずか二か月で政府の要職に起用する——常識的には考えられない人事だが、これも「安倍一強」の為せる業か。

私には、これがすべてを物語っているように思えた。

新たに明らかになった「戦闘」の事実

日報は開示されたが、黒塗りの箇所も多く、二〇一六年七月の「ジュバ・クライシス」の全貌が解明されたとは言えない。しかし、その後、重要な事実が明らかになったので、最後に記しておきたい。

それは、自衛隊が南スーダン政府軍と戦闘する危険性が実際にあったことである。

戦闘が収束した後、自衛隊が宿営地内を検索した結果、施設九カ所が被弾していることがわかり、小銃や機関銃の弾頭二五発が敷地内から見つかったという（「朝日新聞」

二〇一八年九月二日朝刊)。日本政府は、これらの「被害」について、あくまで「流れ弾」で、自衛隊が攻撃されたものではないと説明してきた。

しかし、私が入手した第一〇次南スーダン派遣施設隊の「成果報告」には、次のような記述があった。

セクターI・サウス司令部より、蓋然性は低いものの、UNトンピン地区に反主流派の高級幹部が紛れ込んで避難している可能性があり、政府軍が、その分子の狩り出しのために攻撃を仕掛けてくる公算は否定しきれないとの情報提供があった。

UNMISS(国連南スーダン派遣団)も、自衛隊宿営地が政府軍の襲撃を受ける可能性を認識し、警戒するよう指示していたのである。

実際に当時、南スーダン政府の情報大臣が、マシャール派の兵士たちが避難民に紛れてPKOの基地内に逃げ込んでいると発言していた。そして、実際に多数の避難民を受け入れていたルワンダ軍の宿営地が砲撃を受け、兵士らが負傷した。

この事実は国連の発表を基にすでに書いたが、実は、国連も公表していない隠された事実があった。

南スーダン政府軍の攻撃に対して、ルワンダ軍の隣に宿営地を構えるバングラデシュ軍が応戦し、両者が一時「交戦状態」になっていたのだ。同じエリアにいる自衛隊が攻撃を受けていてもおかしくなかった。当時、自衛隊の派遣部隊を率いていた中力《ちゆうりき》修一佐は東京新聞の取材に、「後からバングラデシュ軍が発砲したと知り『なんてことするんだ』と思った。相手に宿営地を攻撃する口実を与えてしまうところだった」と証言している。（「東京新聞」二〇一七年一二月一八日朝刊）

日本政府は、南スーダン政府の受け入れ同意がある限り、自衛隊が武力紛争に巻き込まれることはないと説明してきた。だが、二〇一六年七月にジュバで現実に起きたことは、そのロジックを完全に崩壊させるものであった。だからこそ、これらの事実は徹底して伏せられた。

宿営地からわずか五〇メートルほどの距離にあるトルコビルにマシャール派の兵士たちが立てこもり政府軍との間で激しい銃撃戦が繰り広げられていた時、自衛隊員のほとんどは鉄帽と防弾チョッキを身につけて退避壕《たいひごう》にこもっていた。

北海道新聞が、当時現場にいた隊員の声を伝えている。

一〇日には宿営地近くのビルで激しい銃撃戦が始まる。「全隊員、武器を携行せよ」。隊長の指示で武器庫の扉が開く。隊員も防弾チョッキとヘルメットを身に着け、実弾を込めた銃弾を握りしめた。「死ぬかもしれない」。銃声が響くと床に伏せ、手で頭を覆う。わずかな隙を見て、宿営地内の退避用のコンテナに身を寄せた。「ドーン」という音とともに砲弾が付近に落ちると、衝撃で体が浮く。宿営地がある施設内には他国軍もいる。それでも「政府軍や反政府勢力が宿営地内に入ってくれば（巻き込まれて）部隊は全滅する」と覚悟した。（「北海道新聞」二〇一八年四月二三日朝刊）。

おそらく、最も死を覚悟したのは、退避壕に入らず宿営地の警備についていた一部の隊員たちだろう。彼らは、宿営地上空を銃弾が飛び交う中、政府軍などの襲撃に備えて警戒用の陣地や望楼で配置についていた。

そこは文字通りの「戦場」であり、自衛隊がその歴史上、最も「戦闘」に近づいた時であった。

さらに、当時、自衛隊の宿営地のすぐ前に数十人の避難民が集まっていた。もし、その避難民を狙って南スーダン政府軍が襲撃してきたら、もっと難しい判断を迫られていただろう。

助けるか、見捨てるか——。自衛隊は、どちらを選択していただろうか。UNMISSの最優先任務は「文民保護」であり、文民が攻撃にさらされたら、相手が政府軍であろうと反撃し攻撃を止めさせなければならない。

憲法九条で武力行使が禁じられている自衛隊は、PKOでは警察官と同じような武器使用しかできない。つまり、相手に危害を与える射撃は、正当防衛と緊急避難に該当する場合を除いて許されていないのだ。今回の南スーダンのケースのように、相手が重武装した政府軍の場合、太刀打ちは困難である。

ＰＫＯの現場は、もはや、「ＰＫＯに自衛隊を派遣するのも大事、憲法九条も大事」では済まなくなっている。憲法九条を変えて、他国の軍隊と同じように、場合によっては武力行使もできるようにするのか。それとも、憲法九条は変えずに、自衛隊派遣以外の手段でＰＫＯに貢献するのか――そういう根本的なことが問われているのだと思う。

今回の日報隠蔽事件のように、憲法九条とＰＫＯの現実との矛盾を覆い隠すことで危険に晒されるのは、実際に現地で活動する自衛隊員である。幸運にも、これまでは一人の犠牲者も出さなかったが、この先も同じような形で派遣を続ければ、いずれ間違いなく犠牲者が出るだろう。

いのちの重さ

稲田防衛大臣らが日報問題で引責辞任してから一か月余が経った二〇一七年九月初旬、最後の第一一次隊で南スーダンに派遣されていた隊員の父親に会う機会があった。

青森県内で農業を営む七〇代のその男性の息子は、重機などを扱う施設部隊の隊員で、南スーダンでは道路整備などを担当した。

男性は、かつては自衛隊父兄会（現在は家族会）の地域の会長を務め、現在は自衛隊の募集相談員（地域で自衛官募集に協力する市民ボランティア）を務める、自他ともに認める〝自衛隊の応援団〟だ。駆け付け警護の新任務付与にも、反対ではなかったという。ただ、それだけに心配だったとも話す。

「実際に戦闘になればさ、後方支援といったって、仲間がやられていたら黙って見ていられないでしょ。男だもん、自分たちも中に飛び込むさ。当たり前だと思うよ。だから、戦闘になってしまえば、もうダメだなと思った」

二〇一六年一一月に青森空港で見送った時は、「これが最後になるかもしれない」と頭をよぎり、とっさに二人で写真を撮った。「あん時は、俺も人の親だなぁと思ったよ」と笑いながら振り返った。

防衛省が日報を隠していたことについて、どう思ったかを尋ねると、こう答えた。

「いいわけねぇよな。（息子が南スーダンに派遣される前は）現地で戦闘があったなんてまったく聞いてない。（日報を開示したら）『行かない』と言う隊員が増えるから隠したんでねぇかな。今でも、イナダはここさ来て、謝れと思うよ」

日報隠蔽は、男性のように長年自衛隊を応援し、駆け付け警護の新任務付与に反対していなかった隊員の家族にも、強い不信感を与えていた。

別れ際、それまでずっと黙って私たちのやりとりを聞いていた男性の妻が、一言つぶやいた。

「本当に、息子だけでなく、一人残らず全員無事に帰ってこれたことが何よりです」

この一言が、どんな言葉よりもずしりと重く響いた。

人間の命は何よりも尊い。自衛隊員の命はもちろんだが、紛争地で国連に助けを求める人々の命も、その尊さは変わらない。今後、日本がPKOにどう関与していくのか、憲法九条をどうするのかは簡単に答えの出ない難しい問題だと思う。でも、これだけは言える。

たくさんの人間の命がかかっているからこそ、事実の隠蔽や改竄《かいざん》を許してはならないのだ。

Ⅱ 福島にて

布施祐仁
×
三浦英之

二〇一七年八月にアフリカ特派員の任務を終え、新たに福島に活動の場を移した三浦英之。一方、福島第一原発の労働者をテーマにした著作『ルポ　イチエフ』を上梓《じょうし》している布施祐仁。福島に縁のある二人が、福島県いわき市で「日報問題」について語り合った。

布施　自衛隊が派遣されているにもかかわらず、日本では南スーダンに関する報道が圧倒的に少なかった。これは、一体何だろうと思いました。そんな中にあって、三浦さんが南スーダンから送ってくる記事やツイッターの連投は本当に臨場感があって参考になりました。現地で取材することの重要性を改めて思い知らされたという感じです。一体、南スーダンには何回入ったんですか？

三浦　全部で一四回です。二〇一三年一二月にジュバで大規模な戦闘が起きたことを知って、翌一四年四月に南スーダン入りしたのが最初でした。当時、僕はまだ特派員ではなくて、東京本社の国際報道部員でした。内勤の記者として、ＣＮＮやＢＢＣのニュースをチェックしていたんです。激しい戦闘が勃発するような危険な任地で、工兵部隊

（註：主に土木作業などに従事する部隊）としてPKO派遣された自衛隊がどのような活動をしているのか知りたくて企画を出してみたら、「じゃ、行ってこい」と。ただ、その時は入国に失敗し、強制送還されてしまいました。

布施　強制送還──!?

三浦　ええ（笑）。現地で活動する自衛隊から取材の招聘状《しょうへいじょう》もちゃんともらっていたのに、二〇〇～三〇〇ドルくらいだったかな、悪質な入国管理官から賄賂を要求されて「そんなお金は払えない！」と拒否したら、空港を管理する南スーダン政府軍の高官の所へ連れていかれ、そこでもさらに五〇〇ドルを要求された。支払いを断ると、最終的に四人の兵士にカラシニコフ銃を突きつけられて、乗ってきたプロペラ機に無理やり押し込まれてしまったんです。

──そのまま日本に？

三浦　まさか。中継地のドバイに到着してからケニアのナイロビにとって返し、そこでもう一度ビザを取り直して南スーダン入りを試みました。その時は賄賂を要求されることもなく、無事、目的地のジュバに入ることができたんです。

布施　初めて見るジュバ市内の様子はどんな感じでしたか？

三浦　びっくりしたのは、自衛隊の宿営地が置かれている国連基地内が無数の避難民であふれかえっていたことです。国連がＰＫＯ拠点にしている所なので、もっと整然と秩序だっているのかと思ったら、戦闘から着の身着のまま逃げてきた人たちがウジャウジャとひしめき合っている。

トイレも十分には整備されておらず、ウンチは至る所で垂れ流し。ニワトリやヤギなどもいて、住民たちはそれらを食料にするために屠畜《とちく》している。もう何もかもが完全にカオスでした。しかも、気温は四二、三度。ああ、何だかすごい所に来てしまったな、というのが正直な感想でした。

布施　二〇一三年一二月に内戦が勃発して、ジュバでは大量の住民が国連の基地に避難しました。日本政府は、ひたすら「南スーダンで武力紛争は発生していない」「ジュバは平穏」と言い続けてきたけれど、国連はこの時から、任務を平和時の「国造り支援」から武力紛争の発生を前提とした「文民保護」に切り替えています。

三浦　ただ、本当の驚きは取材の最後にやってきました。出国前、自衛隊の宿営地で派遣部隊の井川賢一隊長と面談したのですが、ひと通り話が終わった後、まだ隊長の喉ぼとけが上がったり下がったりしている。取材を仕事にしている人であれば恐らく理解していただけると思うのですが、取材相手がこのような仕種《しぐさ》をするときは大抵、胸の中にまだしゃべり足りないことが残っていて、それを切り出すタイミングを窺っている。それでわざと無駄話をして面談を引き延ばしていると、井川隊長が「三浦さん、実はお話ししていない案件が一つだけあります」と。

布施　おおっ。

三浦　井川隊長がまずしたのは人払いでした。数人の隊員を退出させ、部屋に隊長、広報官だけが残っているのを確認してから、おもむろにこう切り出したのです。「二〇一四年一月、宿営地付近で銃撃戦が起きました。その時、私は隊員の命を守るため、女性隊員も含めたすべての隊員に武器と弾薬を携行させ、『各自あるいは部隊の判断で、正当防衛や緊急避難に該当する場合には撃て』と命令したのです」。その告白を聞いた瞬間、思わずひっくり返りそうになってしまいました。

布施　隊長は、自衛隊の宿営地が襲撃を受ける危険性を感じていた、具体的にそういうリスクを見積もっていたということですよね。自衛隊の長い歴史の中でも、現実に「撃っていいぞ」という武器使用許可が隊員たちに出されたのは数えるほどしかないと思います。陸上自衛隊でいえば、「戦闘」に最も近づいた瞬間かもしれませんね。

三浦　そうなんです。井川隊長がその時話してくれたところによると、その日の朝方、南スーダンの南部と西部からそれぞれ武装勢力が進軍しているといった情報が国連から自衛隊に寄せられていたそうなんです。そして夕方、厳重に警戒していると、近くでタタターンという銃撃戦が始まった。しかも、その音がどんどん宿営地の方に近づいてきたそうなんです。

南スーダンの首都ジュバにある避難民キャンプ内の水汲み場に集まる人々（二〇一四年四月）

後でわかったことですが、その時の銃声は政府軍と反政府勢力との交戦によるものではなく、政府軍の脱走兵が国連基地に逃げ込もうとした際、政府軍の兵士と撃ち合いになったものでした。ただ、井川隊長は当時、このままでは自衛隊も戦闘に巻き込まれかねないと判断し、約四〇〇名の隊員に銃弾装塡《そうてん》を命じ、射撃許可を出していたというわけなんです。あとは応戦するかしないかは各隊員の判断となる。つまり、二〇一四年一月の段階で自衛隊は発砲の直前までいっているんです。本来なら、この時点で撤収が検討されるべきでした。ただ、ＰＫＯ五原則が崩壊している南スーダンの現実を、日本の国民どころか国会議員も知らない。隊長はあの時、南スーダンで自衛隊が今いかに危険な環境下に置かれているのかということを、職業記者である僕に伝達してもらいたいと考えていたのではないかと思うんです。

自衛隊は南スーダンから撤退したかった？

――南スーダンへのＰＫＯ派遣は〝無理筋〟だと、自衛隊がＳＯＳを発していたと？

布施　この一件については、二〇一五年に防衛省が作成した「教訓要報」というタイトルの文書で詳しく報告されています（註：第1章参照）。僕は情報公開請求で入手したんですが、どうせ黒塗りだらけだろうと思っていたら、予想に反してかなり生々しい内容がオープンになっていて驚きました。
　国連トンピン地区に避難民がたくさん流入した結果、自衛隊宿営地の門前でディンカ族の住民とヌエル族の住民との間で暴行事件も発生しています。当時、自衛隊には南スーダンの住民を保護する任務は与えられていませんでしたが、目の前で住民がリンチされているのを見過ごすことはできないと一時的に宿営地に保護したとの記述もあります。この時は住民が丸腰だったので助けることができましたが、もし銃などで武装していたら、対応は困難だったと書いています。そこで自衛隊が介入すれば、当然、戦闘になる可能性がありますからね。
三浦　そうですね。日本政府が当時すでに自衛隊が対応できない危険な任地にＰＫＯ派遣していたことは否定できない事実だと思います。
布施　当時の国会ではどんな議論が行われていたのか調べてみました。すると、自衛隊が韓国軍のＰＫＯ部隊から緊急の要請を受けて小銃の銃弾を提供したことについて、武器輸出三原則の観点からどうなのかという論議はあったものの、戦闘が勃発した中で、ＰＫＯ五原則が維持されているのかという議論はまったくされていなかった。国会によるシビリアンコントロールは機能しているのか、と思いました。
三浦　結局、この時点で内戦状態になっていたにもかかわらず、日本政府は南スーダンＰＫＯの適否を判断できなかった。それで二〇一六年七月の大規模戦闘を迎えるわけですが、この時のリスクはさらに大きかった。自衛隊宿営地のすぐそばにある通称「トルコビル」と呼ばれる九階建ての建設中のビル（註：第6章参照）がマシャール派によって占拠され、政府軍との間でロケットランチャーも使った激しい銃撃戦が展開されるんですが、この時、自衛隊の宿営地の敷地内にもたくさん流れ弾が飛んでいる。実際に「トルコビル」の内部を見て回ったんですが、外側からではなく、意外にも内側からの弾痕が多いんですよ。

布施　内側？

三浦　スナイパーのように一発一発を狙いすまして撃っているんじゃない。マシャール派の兵士たちは戦闘の恐怖をまぎらわそうと薬を打っていることもあって、とにかくやけくそのように室内から外部に向かって自動小銃を連射するため、内側の壁に無数の弾痕ができているんです。

布施　なるほど。そんなでたらめの射撃では、当然、流れ弾が増えますね。

三浦　そう。実際、「トルコビル」の高層階から周囲を見渡すと、本来のターゲットになり得ない工場や民家がかなり被弾している。砲弾も着弾していて、屋根にボカーンと大きな穴が開いていたりする。

そして、自衛隊宿営地はどこにあるかといえば、「トルコビル」のすぐ目の前にあるんです。宿舎の様子どころか、その前を歩く自衛隊員の表情もわかるほど近い。つまり、宿営地に流れ弾やロケットランチャーの砲弾が着弾することはかなりの確率であり得たということです。被害がなかったのは本当にたまたまで、ラッキーだったと言わざるを得ません。

布施　詳細は黒塗りされていて不明ですが、僕が入手した防衛省の内部文書にも、小銃の銃弾や迫撃砲弾が自衛隊の宿営地内に着弾していたことが書かれています。もし二〇一四年一月もそのような状況が周囲にあったのだとしたら、井川隊長が当時、三浦さんに「ジュバの情勢を日本の人々にきちんと伝えてほしい」と思うのも当然ですね。

確か、弾丸装塡の命令が下されたという事実はニュースになったと思うんですけど、防衛省などの反応はどうだったんですか？

三浦　帰国して、二週間ほどかけて防衛省へ裏取り取材をしてから、朝日新聞の朝刊一面でこのニュースを伝えました。防衛省の反響は大きく二つに分かれました。一つは現場の一隊長が自分の判断だけでこんな重大な情報を外部、それも報道機関の記者に漏らしていいのかという批判。もう一つはまったく逆で、「井川隊長はよくやった。ジュバの危険な情勢を知らせてくれて良かった」というものでした。

ただ、批判の声は意外に少なくて、朝日の一面報道についてもポジティブな反応の方がずっと多かった。なかには「ありがとう。あそこまで詳細に報じてくれるとは思わなかったよ」と後に耳打ちしてくれた防衛省関係者もいたほどです。「南スーダンＰＫＯ

への自衛隊派遣をこのまま継続するのか、政治家はしっかりと判断してほしい」というのが防衛省・自衛隊関係者の本音だったと感じています。

隠される数々の「不都合な真実」

――そうだとすれば、なぜ「撤収」の二文字が議論されなかったのでしょう?

布施 国連PKOの変質が背景にあると思います。かつてのPKOは中立性を守るため、停戦合意が破られて紛争状態になると撤収していました。その結果起きてしまったのが一九九四年のルワンダ大虐殺でした。虐殺を阻止できなかったことに国連は大きなショックを受けます。これが契機となってPKOの役割が見直され、紛争状態になっても撤収せずに「文民保護」の任務を最優先するようになります。ケースによっては中立性をかなぐり捨てて、住民を攻撃する武装勢力への武力行使も辞さなくなります。

――確かに二〇一〇年のコンゴPKOでは武装勢力を殲滅するための特殊部隊まで作られています。

布施 「文民保護」という大義を掲げる今のPKOは、以前と違って好戦的になっています。かつてのPKOとは大きく様変わりしているんです。そんな流れの中で、危険だからと自衛隊だけが撤収して許されるのかという意見は確かにあります。一方、自衛隊が恐れているのは、撤収の機を逃して現場に残った結果、好戦的になるＰＫＯと憲法九条という制約の狭間《はざま》で身動きがとれなくなることです。だからこそ、政府には素早く撤収の可否を判断してほしいと思っている。このことは、二〇一三年一二月に内戦が勃発した際に派遣されていた第五次隊の報告書にもはっきりと書かれています。以前に開示請求した時にはこの部分が読めたのですが、最近、再度開示請求したら、なぜか黒塗りされていました。普通は、時間が経てば黒塗り部分が減るのですが……。

三浦　現場で取材していると、南スーダンへの自衛隊派遣をめぐっては、防衛省、外務省、官邸といった三つの勢力が、それぞれの思惑を抱えながら、互いに激しくせめぎ合っているように感じられました。本音では「隊員を危険に晒す南スーダンから撤収したい」というのが防衛省の立場。ところが、外務省は防衛省にもっと頑張ってもらってＰＫＯ派遣を継続したがっていた。狙いは国連安保理の常任理事国入りです。「日本は国際貢献をこんなにやっているんだぞ」と国連本部のあるニューヨークでアピールし、宿願を遂げたい。アフリカは五〇数か国あり、重要な票田でもあります。

そして官邸はというと、二〇一五年に成立させた安保法制を使って、自衛隊がこれまでできなかった新任務——「駆け付け警護」や「宿営地の共同防護」をやらせたい。つまり、海外における自衛隊の地位を高め、その役割を増やしたい。この三つのパーツがせめぎ合うなかで、いつの間にか、本来の目的であるはずの南スーダンの平和構築はすっぽり抜け落ちてしまっていた、というのが私の理解です。

布施　本来の目的が抜け落ちてしまったのには二つの理由があります。一つは今三浦さんが指摘したように、南スーダンへのＰＫＯ派遣は現地のニーズからというより、日本側の政治的な事情や外交的な思惑から動機付けられていたということです。

もう一つは、現地の情報が正確に国会や国民に伝えられないので、南スーダンにとって何が必要かという視点がどうしても抜け落ちてしまう。実際には武力紛争になっているのに、「武力紛争は発生していない」と言っていたら、その武力紛争を止めるために日本に何ができるのかという議論は出てきようがない。日本政府としては、ジュバでの戦闘状況などが広く知られてしまうと、派遣行為そのものが憲法九条に触れかねない。だから、現地の情報を隠したり、言葉の言い換えで偽装しようとする。

象徴的だったのが、二〇一七年二月の稲田防衛大臣（当時）の発言です。ジュバで起きた大規模戦闘を「憲法九条上の問題になる言葉を使うべきでないということから、一般的な意味において武力衝突という言葉を使っている」という国会での答弁ですね。現場の自衛隊は「激しい戦闘が起こった」と、日報にはっきり書いている。でも、それを認めてしまうと憲法九条に触れかねないので、衝突と言い換えることによって戦闘の事実を隠す、あるいは戦闘そのものがなかったことにしたい。

三浦　稲田大臣の発言って、自衛隊のPKO派遣維持という目的のため、南スーダンが内乱状態にあるという事実を加工する行為ですよね。その意味で日本政府が語る南スーダンはどこか「フィクション」の匂いが含まれていた。

それまでは取材活動も基本的にオープンだったのに、二〇一六年七月以降は一切シャットアウト。在南スーダンの自衛隊も大使館も報道機関の取材に応じなくなり、窓口は東京の防衛省に一本化されてしまいました。

布施　情報統制という点では、南スーダンで住民に危害を加えているのは主に政府軍であり、二〇一六年七月のジュバ争乱時には国連PKO軍にすら攻撃を加えていたという事実も、安倍政権は「不都合な真実」としてひた隠しにしています。

三浦　日本で知られていないショッキングな事実はまだまだあります。南スーダンでは、今布施さんが指摘したケースと逆のケースもすでに起きていた可能性があるんです。

──国連側が南スーダン政府を攻撃した？

三浦　その疑いが少なからず出ています。第6章でも触れたのですが、僕が見た政府軍の破壊された戦車の残骸は、「二〇一六年七月の戦闘で国連PKO部隊の攻撃によって破壊されたものだ」との説明を、僕は政府軍の副報道官から複数回、時期をずらして受けました。国連側は否定していますが、同種の証言は南スーダンの情報相も口にしており、何が事実なのかは今もわかっていません。

布施 国連は「文民保護」という大義を掲げていますが、政府軍が避難民や国連を攻撃するような状況で、本当にその任務をまっとうできるのか、はなはだ疑問なんです。

三浦 戦闘になれば、国連ＰＫＯ側にも戦死者が出るわけですから、よほどの覚悟がないとできません。

布施 ええ。戦死者が出れば、当然、ＰＫＯ派遣国内では「なぜ、他国の紛争のために自国の若者が死ななければいけないのか。ＰＫＯ参加はやめるべき」という批判が噴出します。

それで平和を達成できないまま撤収してしまったら、残るのは現地の混迷だけ。下手をすると紛争がさらに泥沼と化し、それまでＮＧＯなどが行っていた人道支援なども危険すぎてできなくなってしまう恐れがある。ソマリアがいい例です。そう考えると、中途半端な武力行使はすべきではない。

まして、政府軍が住民を攻撃している南スーダンのようなケースでは、そもそも政府の受け入れ同意を前提とするＰＫＯではおのずと限界があります。

三浦 南スーダンは小さな国ですが、それでも政府軍ともなれば、かなりの装備を保有している。国連ＰＫＯ軍といっても、たかだか一万数千人の混成部隊です。その兵力で政府軍とガチで戦えるかというと、それはかなり難しいのではないか、と僕は思います。

しかも、ＰＫＯ部隊は外国の軍隊である以上、平和維持のために駐留しているとはいえ、住民の中には素朴なパトリオティズム（愛国心）が芽生えてしまう。どうしても「他国の軍隊に侵略されている」といった苛立ちが生まれてしまうんです。実際、マシャール派はそうした住民の抵抗感情を巧みに操って、自派の勢力拡大に利用している部分がありました。

ＮＧＯなど非軍事的な貢献アプローチ

――平和を達成するためには軍事的な強制力を用いるしかないのでしょうか？

布施　攻撃を受けている住民を助けたいというのは当然ですが、冷静に考えれば、それはあくまで「対症療法」にすぎない。紛争を終結させるためにはやはり、軍事的アプローチだけでなく、政治や経済の面からのアプローチも駆使して根っこの部分から問題を解決しないとどうしようもありません。南スーダンの場合、各部族間で均衡のとれたパワーシェアリングや石油から得られる富の分配をしなければ安定は訪れないでしょう。

三浦　アフリカ特派員としてサブサハラ（註：サハラ砂漠以南のアフリカ）四九か国を飛び回って感じたのは、確かにこの大陸では民族対立や資源争奪などで紛争が絶えないけれど、アフリカの人々はある意味、「争い」を自らの歴史の一部として捉えているようなところがあって、その解決を決して放棄しないし、諦めない。焦らず、急がず、じっくりと時間をかけて、解決の糸口を探ろうとする。日本人から見ると、ちょっとダラダラしすぎなんじゃないかと呆《あき》れてしまうところもあるけれど、それこそがサブサハラの文化であり、強みでもあると思うんです。

現地に根を張って活動を続けているNGOの人たちはそこのところをよくわかってい て、国連が立ち入らないような奥地にも赴き、息の長い活動を展開している。その活躍には本当に目を見張るものがあります。無数のNGOが現在アフリカ各地に散らばっていて、国連ができないことを身を粉にしてやっている。だとしたら、憲法九条の制約を持つ日本はいたずらに「武力」を海外に送るのではなくて、そういったNGOの活動に積極的にコミットメントしていく。そうした非軍事的な国際貢献こそ、僕は平和主義を掲げる日本にふさわしい貢献ではないかと思うんです。

布施　僕もそう思います。ただ、現状を見ていると、日本政府にその気はありませんね。南スーダンのような人道支援を必要としている紛争地に入って活動したいと考えている志のあるNGOは日本にもたくさんありますが、外務省は「南スーダンには入るな」と圧力をかけていますから。自ら寄付金を集めて自立的な活動をしているJVC（日本国際ボランティアセンター）のようなところもあるけれど、大抵のNGOは政府からの資金援助を得て活動している。だから、外務省から南スーダン入りの自粛を求められると、活動資金を提供してもらっている手前、その要請を突っぱねるのはなかなか難しいようです。

NGOには「南スーダンには入るな」と止めておきながら、他方で、NGOの邦人が襲われた時に自衛隊が助けられるようにと新任務付与の口実にNGOを使う——。すごくおかしな話ですよね。

三浦　国連や自衛隊が現地の状況を一番把握しているとは限らない。むしろNGOが国連よりも状況をよく理解しているのが今のアフリカの実情です。

布施　僕はアフリカに行ったことはないけど、内戦状態のイラクやアフガニスタンには取材で訪れていて、痛感したことがあります。それは安全を確保する一番の方法は銃ではなく、信頼だということです。理想主義で言っているのではなく、これは現地を歩いてみての実感です。

三浦　確かにアフリカや中東では日本のイメージは非常に良くて、どこに行っても歓迎されます。敗戦を教訓として「これからは絶対に戦争はしない」と世界に誓い、戦後ただの一発も海外で銃弾を撃っていない。他国の兵士も殺していない。その上で経済も発展させ、世界が驚嘆する高品質の工業製品を作っている。クールジャパンの最大要因は間違いなく、僕らが持っている憲法だと思います。ここ数年はその良いイメージが急速に失われていると言われますが、七〇年かけて、平和国家を築き上げてきた先人の想《おも》いというものをもっと大切にすべきだ、と僕は強く思いますし、そう願っています。

布施　日本は一九九一年の湾岸戦争以降、自衛隊を海外に派遣することに固執しすぎてきたと思います。自衛隊の派遣だけが国際貢献の手段ではないし、ＰＫＯにしても、軍事部門だけでなく行政部門や文民警察部門もあります。軍人が丸腰で行う軍事監視団のような活動もあります。無理をして自衛隊を紛争地に派遣しなくても、憲法九条に矛盾しない形でできる国際貢献はいくらでもあります。

そもそも自衛隊員の多くは、米軍のように海外で戦争することはないという前提で入隊しています。日本を守るために命をかけることはできても、他国の戦争で命をかけることは望んでいないと思います。それに戦闘をすれば、自分が撃たれて死ぬかもしれないだけでなく、撃って相手を殺してしまうかもしれない。実際にそういう場面に立って、自衛隊員が引き金を引けるか疑問です。

今回の日報問題で陸上自衛隊からと思われる内部リークが続いた背景には、内戦状態の南スーダンで十分な権限を与えられることもなく、危険な新任務を押し付けられたことへの不満も底流にあったのではと指摘する防衛省関係者もいました。

三浦　僕も自衛隊は撃てないと思います。例えば、アフリカでは最初にカラシニコフ銃を連射しながら突っ込んでくるのは大抵、一四～一七歳の少年兵たちです。軍服も満足に支給されなくて、Ｔシャツにサンダル姿の少年兵もいます。そんな子ども相手に自衛隊員が引き金を引けるかどうか。僕はやっぱり難しいと思う。

一%の情報の集積が、一つの事実に

――にもかかわらず、安倍政権は安保法制を根拠に、自衛隊に「駆け付け警護」と「宿営地の共同防護」という新任務を付与しました。

布施 しかも、日報が隠蔽された上での新任務付与です。忸怩たるものがありますね。本来ならば、新任務付与どころか、二〇一六年七月に内戦が再燃した時点で撤収すべきだったと思います。

三浦 同感です。確かに日報問題が大きな注目を集めたおかげで、稲田大臣を辞任に追い込んだり、南スーダンからの自衛隊撤収が早期に実現できたりという成果はありました。でも、新任務付与を阻止できなかったことを考えれば、かなり政権の思惑通りに事が進んでしまった、という悔いの方が大きい。政権は目的を達してしまったわけですから。新任務の付与が決定されたのは二〇一六年一一月ですが、僕は、もしその前に布施さんが開示請求した日報文書が出てきていたら、恐らく政府は付与を強行できなかったんじゃないかと思っているんです。

布施 そうですね。特別防衛監察で陸上自衛隊が不法に日報を隠蔽していた事実が明らかになりましたが、もしこれが適正に処理されていれば、激しい戦闘の状況が記された日報が閣議決定前に開示されていたはずです。そうなっていたら、もしかしたら新任務は付与されていなかったかもしれない。裏を返せば、だからこそ日報は隠された。

新任務付与は結局、安倍政権の「実績づくり」でしかなかったですよね。表では新任務の必要性を強調しながら、裏では新任務を実行しなくても済むようにニューヨークの国連本部やジュバのＵＮＭＩＳＳ本部にしつこいくらい働きかけていましたから。

官邸には、もし「駆け付け警護」を本当に行うはめになって、自衛官が一名でも戦死したら、政権が吹っ飛んでしまいかねないということが常に念頭にあったのだと思います。撤収を決断した理由もこれです。本来、二〇一六年七月に撤収すべきところを、政権の「実績づくり」のために撤収を先送りにしたというのが真相だったのではないでしょうか。自衛隊員の命がかかっているのに、あまりにもご都合主義ですよね。

三浦　布施さんの話を聞いて、改めて情報公開の大切さを感じますね。僕がいくら南スーダンにまで出かけて行って「戦闘が起きている」と叫んでも、政府からは「いや、それは衝突にすぎない」といなされるだけだった。ところが、布施さんが情報公開請求で得た情報は政府の内部文書に書いてあること。自らの情報はさすがの政府も否定できない。情報公開請求を武器に、内側からの情報で政府を切り崩していく布施さんの手法は僕にとっては新鮮でした。

布施　情報公開請求をしても、肝心な情報は黒塗りばかりで役に立たないと思いがちなんですが、諦めないでねばり強く続けると思わぬ成果が得られることがあります。今回の日報問題では、「既に廃棄して存在しない」という不開示決定が出たことが突破口になったわけです。僕だけでなく、マスコミや自民党の河野太郎議員も「これはおかしい」と思って動いた。それが再探索と開示につながったわけです。これも、継続的に南スーダンPKOに関する文書の開示請求を続ける中で、ある文書の中に「日報」という二文字を見つけたところから始まりました。あれは、実は担当者がうっかり黒塗りをし忘れたという噂《うわさ》もあります（笑）。ねばり強くやっていると、そういうことも起こります。

一つの文書では九九％が黒塗りされていて一％の情報しかわからなくても、関連する文書を一〇〇通入手して、その一％を集めてみたら隠されている事実が浮かび上がってくるということもあります。隠すという行為は、どこかしらにその痕跡を残すんです。

日報問題が我々に投げかけるものとは

――当事者の稲田朋美氏が二〇一七年一〇月の衆議院選挙で当選し、黒江哲郎前防衛事務次官も国家安全保障参与として〝復権〟しました。無かったことのようになっていますが、改めて日報問題をどう考えるべきでしょうか?

布施　重要なのは、この二六年間徐々に拡大してきた自衛隊の海外派遣と憲法九条との矛盾がもはや限界にきているという点です。今回も犠牲者が出なかったから結果オーライで済ますのではなく、自衛隊の役割や日本の国際貢献のあり方をゼロから見直す機会にすべきです。

三浦　確かに国会答弁で泣きべそかいたり、自衛隊の海外視察にリゾートファッションで登場したり、稲田さんの言動は劇場型というか、とにかく国民に注視されました。

布施　そうなんです。稲田さんの言動が注目されることで、日報問題のデタラメさがより鮮明になった反面、そのイメージが強すぎて問題の本質にたどりつけなかったというもどかしさがあります。

――問題の本質?

布施　日報問題について国会で長時間の質疑が行われましたが、隠蔽の有無が議論の焦点となり、南スーダンの実態や自衛隊の海外派遣のあり方についてはあまり時間が割かれませんでした。野党の議員が日報などに書かれた南スーダンの実態について追及しても、政府は実態論議には付き合わず、徹底して法律の解釈論で逃げました。結局、「衝突」なのか「戦闘」なのか、といった「言葉遊び」のような議論に終始してしまったのは非常に残念でした。

政府がやろうとしていることは先にも述べたように、自衛隊の海外での任務拡大です。背景にあるのは、一つは日米同盟の下での米軍との一体化です。米軍はアメリカの国益を追求するために世界中に基地を置いてグローバルに活動しています。それに自衛隊も協力してほしいというアメリカの要求に応えようとしている。もう一つは、日本の国益追求のツールとして自衛隊を海外で使おうとしています。南スーダンＰＫＯについても、豊富な資源があり、マーケットとしても将来有望なアフリカに日本がアクセスするための手段という側面もあります。

三浦　ジブチにある自衛隊の海賊対処活動の拠点を整備拡張し、恒常基地にしようという動きもその一環と考えることができますよね。その意味で本当に大切なのは次のＰＫＯ。自衛隊がどこに送られるのか、どんな任務を付与されるのか。新任務の付与によりその任地で自衛隊がついに戦闘し、初の戦死者が出るかもしれないだけに、派遣の手続きについては、しっかりと注視していかなければなりません。

布施　このまま憲法九条との矛盾をごまかし、現場の実態とかけ離れた日本でしか通用しないロジックで海外派遣を続ければ、遅かれ早かれ自衛隊員に犠牲者が出るでしょう。本当に犠牲者が出たら、冷静な議論ができなくなる可能性があります。だからこそ、最初の「戦死者」が出る前に自衛隊の海外派遣のあり方について見直す必要があります。

67

ジブチの日本拠点で訓練を行う航空自衛隊員（二〇一四年四月）

三浦　僕は今、福島で記者をしています。南スーダンと福島。二つの現場を取材していて感じることは、ここで起きている問題はいずれも、同じ水脈から発せられているのではないかということです。ＰＫＯ派遣にしても原発にしても、すべては極めて高度な政治的判断で進められているのに、政府は国民が判断するのに必要な情報をこれまでずっとひた隠しにしてきたという共通項があります。実際には安全ではないのに「安全です」と嘘をつき続けてきた。

布施　僕も同じ感覚を抱いています。南スーダンへの自衛隊派遣も原発推進も国策であり、「不都合な真実」を隠して進めてきたという点で共通しています。リスクのある政策こそ、可能な限り情報を公開して国民に理解を求めないといけない。なのに、政府は情報を公開するとその国策を進めるのが困難になると見て、隠してきました。国民の理解のない政策は脆いものです。安全保障は特にそうです。

三浦　国民にリスクを示さないまま、政府が進めた政策はどれも最終的には悪い結果を招いています。福島県で甲状腺がんが多数見つかっていることと原発事故との因果関係についても、未だに納得できる説明はなされていません。絶対安全な原発というものはこの世に存在し得ないのに、原発再稼働も着々と進められていく。ＰＫＯ派遣も南スーダンで生じたリスクをきちんと説明しないまま、政府は次のステップに踏み込もうとしている。その先にどんな結果が待ち受けているのか、僕らはその結果をすでに二〇一一年に経験しているのです。

布施　特定秘密保護法ができて、政府が情報を隠す仕組みが強化されました。もちろん、なんでもかんでも公開するべきと言うつもりはありません。本当に公開したら国の安全に関わる情報は秘密にすべきですが、それ以外の情報は最大限公開するのが民主主義です。

最近は、事後発表や公表されない日米共同訓練が増えてきました。安保法制による新任務で、共同訓練中に米軍が攻撃された場合、自衛隊も米軍と一緒になって反撃できるようになりました。国民も国会議員も知らないうちに戦争が始まっていたなんてことが起こり得る状況です。

「戦争でまず犠牲になるのは真実」という言葉があります。第二次世界大戦中、日本人は軍にとって都合のいい情報しか流さない大本営発表に騙《だま》されて痛い目に遭いました。今の自衛隊は、「天皇の軍隊」だった戦前の日本軍とは違い、国民のものです。国民には自衛隊をしっかりと統制する責任があり、そのためには、政府による適切な情報の公開とそれをチェックするジャーナリズムの存在が不可欠です。

あとがき

三浦英之

ジャーナリズムの世界には「大きな仕事」と呼ばれる足跡が存在している。

自衛隊が海外派遣されていた南スーダンで大規模な戦闘が発生した直後、現地で何が起きていたのかを確かめようと防衛省に情報公開請求し、その開示過程において現地からの報告が意図的に隠蔽された疑いがあることを執拗に追及することで、最終的に国防部門のトップである防衛大臣を辞任に追い込んだ布施祐仁氏の一連の仕事は、日本のジャーナリズム界にとって紛れもなく「大きな仕事」であり、事実を意図的にねじ曲げて国民に伝えることで自らの目的を達成しようとした日本政府の「作為」を白日の下に晒したことは、選挙によってこの国のあり方を選択していかなければならない私たちにとっても、極めて有益な果実であった。

とりわけ、私にとって衝撃的だったのはこれらの仕事が巨大なメディアに所属している企業記者ではなく、たった一人の在野のジャーナリストの手によって達成されたという事実だった。日本では現在、数万人の記者がメディア企業で働いている。しかし我々は——といった主語がここではふさわしいように思う——、目の前に立ちはだかる堅牢《けんろう》な壁に穴を開けることもそれを乗り越えて事実をつかみ取ってくることもできず、最終的には一人のジャーナリストの努力によって得られた成果をそれぞれが分配し合って報じるという、敗北感にも似た屈辱を味わうことになった。

私自身、「結局、何もできなかった」という思いが強かった。

南スーダンに入って人々の暮らしを見つめれば、日本政府が発表したり国会で答弁したりしている「現実」はまったくのデタラメであることはすぐにわかる。日本政府が「戦闘はなかった」と語るジュバでは、自衛隊宿営地のすぐ隣の建物で銃撃戦が繰り広げられ、虐殺と飢餓により多くの人々が国外に逃げ出している。日本のテレビフレームの枠内で語られる南スーダンは、完全に脳内で制作されたフィクション以外の何物でもなかった。

私は新聞紙面を通じて南スーダンで見聞きした「リアル」を必死に伝えているつもりだった。でも、それらが必ずしもうまくは伝わっていないということも、心のどこかで感じ取っていた。「届いていない」と言えば、あるいはそれが最も適した表現なのかもしれない。私は日本に向かって必死に球を遠投していた。しかし、その球がなぜか届かない。

その直接的な要因を、私は今もつかめないでいる。ただ、そこには恐らく——それは極めて残念なことだが——昨今顕著になりつつある既存メディアへの信頼性の低落が何らかの形で関わっているだろうということは、揺るぎない事実であるように思われた。

人々はかつてのようにはメディアを信頼していない。あるいは、メディアが政権を批判することに慣れてしまっている。「ああ、またいつものように政府を批判しているのね」といった感じに。

それ故に、布施氏が発掘した「事実」の威力は絶大だった。現場の自衛隊員が南スーダンで「戦闘」が起きていると報告しているのに、政府はそれを「衝突」と言い換えて事実をねじ曲げた、その「戦闘」と記された日報が政府内に残っていたのに、廃棄したと嘘をついて一連の事実を隠蔽した。これらの疑惑が次々と明るみに出てきた時、私は長年の経験から「これは政権が吹っ飛ぶぞ」と身震いした。結果的に政権は崩壊せず、防衛大臣の辞任で幕引きを図ったが、それは政権側が異常なだけであって、日報を隠蔽していた期間に政府が安保法制の新たな任務「駆け付け警護」を派遣部隊に付与している「罪深さ」から鑑みれば、内閣は即座に総辞職を迫られてもまったくおかしくないケースだった。

同時に私は、これら一連の仕事については書籍としてしっかりと未来に残しておくべきだ、と強く思った。政府が国民を欺き、議論の余地が残る国策を秘密裏に推し進めた悪《あ》しき事例はこれまでにも枚挙にいとまがなかったし、今後もきっと続いていくだろう。その時に、「いや、待てよ」と立ち止まれるだけの具体的な事例を、誰もが気軽に手に取れる書籍といった形で残しておく必要があるように感じたのだ。

一方で、布施氏の調査報道は主に日本での日報問題に焦点を絞っていたため、その時南スーダンで何が起きていたのかという側面については十分に描き切れないように思われた。

ならば、と私は考えたのだ。私が彼の「目」になれないだろうかと。

彼が描き切れない側面を私の経験で補完することにより、事実をより多面的かつ重層的に描き出せるのではないかと私は思った。その試みが成功したのか失敗に終わったのかについては読者に判断を委ねたい。書籍化の経緯や狙いについては、布施氏が本書冒頭に記した通りだ。

私自身、今回の布施氏との仕事では非常に大きな教訓を得た。それは「事実を伝える」という一点において、我々は垣根を越えて十分に連帯し合えるということだ。

かつては団結して権力に対抗する手段であったはずの記者クラブが「特ダネ」という餌をちらつかされて――実際にはそれらの多くは発表の数日前に従順な記者にもたらされる役所事案の卑小な「リーク」にすぎないのだが――互いに競争させられることにより、権力にとって操作しやすい「広報機関」に成り下がってしまっている今、メディアに所属する企業記者を含めたすべてのジャーナリストはいかに「個」として物事を捉え、成果を発信できるかといったことが強く問われているように感じている。「新聞記者は個人商店である、新聞社はそれらが集まった商店街である」とかつてベテラン記者に教えられた。大切なのは、組織ではなく自らの良心に従うこと。そのために必要なのは、いつ何時、どんな環境下に放り込まれても、個として戦えるだけの体幹と五感を——何より事実を簡潔に、そして深く伝えることのできる表現力を——十分に鍛えておくことなのだろうと思う。

私たちは今、SNS（ソーシャル・ネットワーキング・サービス）の時代を生きている。ジャーナリズムは間違いなく、組織から個の時代へと確実に移ろっていくだろう。組織や枠組みといった概念がこれまでのように有効な力を持ち得なくなった時、個と個がいかに連帯し合い、強大な権力に立ち向かっていけるか。それが今後のジャーナリズムにとっての大きな課題であり、深遠なテーマであると個人的には考えている。

本書の出版には多くの関係者の力添えをいただいた。また、書籍化には集英社学芸編集部の出和陽子氏、文庫化には集英社文庫編集部の田島悠氏の力を借りた。支援をいただいた多くの方々にこの場を借りて感謝の意を表したい。

文庫版あとがき

戦争の最初の犠牲者は真実——ジャーナリズムの存在意義　布施祐仁

カンボジア以来の四万件超の「日報」が出てきた

本書は、二〇一八年の「石橋湛山記念早稲田ジャーナリズム大賞」（草の根民主主義部門大賞）を受賞した。その授賞式でのスピーチの最後を、私は次のように締めくくった。

「そもそも日報問題は、現場の危険な状況を隠さないと成り立たないような自衛隊派遣を二五年間続けてきた政治にこそ責任があります。その根本が変わらない限り同じことがまた起こり得るし、自衛隊海外派遣の真実を明らかにするという私の仕事も道半ばです」

南スーダンに派遣された自衛隊の部隊が日報に記録した現場のリアルな状況は、日本政府の公式の説明とは一八〇度違っていた。政府は国会や記者会見で「散発的な発砲事案はあったが戦闘や武力紛争は発生していない」「自衛隊が戦闘や武力紛争に巻き込まれることはない」などと説明していたが、日報では「戦闘」という用語が繰り返し使われ、自衛隊が戦闘に巻き込まれたり、南スーダン政府軍が国連PKO部隊の宿営地を攻撃してくる可能性にも言及していた。

自衛隊が日報を隠蔽する以前に、日本政府が自衛隊の派遣を継続するために現地の正確な情報を隠していたのである。だから、自衛隊の上層部は日報を隠さざるを得なかった。

このように、現地の治安に関する正確な情報を隠し、虚構の「安全性」を強調して派遣するやり方は、実は南スーダンPKOで始まったことではない。自衛隊が初めてPKOに参加した一九九二年のカンボジア派遣から今日まで、このやり方は一貫していたと言っても過言ではない。

日報が隠蔽されたのも、南スーダンPKOだけではなかった。本書（単行本）が刊行された後、これまで防衛省が「ない」と説明してきた陸上自衛隊イラク派遣（二〇〇四年一月〜〇六年七月）の日報も出てきた。

さらに、日報隠蔽の再発防止策の一つとして盛り込まれた、防衛省・自衛隊内に保管されている過去の海外派遣の定時報告文書を統合幕僚監部に全て集約するという施策の結果、カンボジア派遣以降の二一の海外ミッションで作成された日報や週報などのべ四万三〇〇〇件の存在が確認された。

これまでは、これらの文書を情報公開請求しても、防衛省・自衛隊は、保存期間が過ぎていることなどを理由に既に廃棄したことにして開示してこなかった。つまり、南スーダンPKOの日報と同様、事実上、隠蔽してきたのである。しかし、今後は、存在するものについては行政文書として扱い、開示請求があれば適切に対応する方針が決定された。

四半世紀余の間、闇に隠されてきたこの膨大な資料群を明るみに引き出したことの意義は大きい。個人的には、今回の日報問題における最大の「成果」だと思っている。これは、自衛隊にとっても過去の海外派遣から教訓を引き出す上で貴重な一次資料であるが、我々メディアや国民にとっても過去の海外派遣を検証する上で欠かすことのできない資料となるからだ。

私自身は、この膨大な資料群を活用して過去の海外派遣の総検証をすることが次の仕事と考え、既にその作業に入っている。詳しくは稿を改めて述べることにしたいが、政府の説明やメディアで報じられてきたことと実際に現地で起こっていたことのギャップがあまりに大きく衝撃を受けている。それは、いかに自衛隊の海外派遣の実態がこれまで国民に正確に伝えられてこなかったか、ということを意味している。

自衛隊員は、自衛隊の最高指揮官である首相の命令を受けて海外に派遣される。首相は国権の最高機関である国会での選挙で選ばれ、国会を構成する国会議員は主権者である国民の投票で選ばれる。よって自衛隊に対する首相の命令は、間接的には「国民の命令」でもあるのだ。

だからこそ、国民には自衛隊の海外派遣に関する正確な情報を「知る権利」があるのと同時に、「知る責任」もある。

自衛隊員が戦闘に巻き込まれて死傷するようなことがあった際、国民の大多数が「そんな危険なところだとは知らなかった」では済まされない。国民が主権者として自衛隊員の命に責任を持つためには、正しい情報を知り、自らの意思を政治に反映する不断の努力が必要だ。それが民主主義国家における真のシビリアン・コントロール（文民統制）だと私は考える。

正確な情報が共有されなければ、このシビリアン・コントロールは機能しない。

虚構の海外派遣に終止符を

現代のＰＫＯが戦闘や武力紛争に巻き込まれるリスクを前提としており、憲法九条と整合するように作られた日本のＰＫＯ法の枠組みと合わなくなっていることは本書でも改めて浮き彫りになったと思う。合わなくなっているのに無理に派遣してきたから、現地の正しい情報を国民に伝えることができなくなり、隠したり歪めたりしなければならなくなってきたのだ。その限界が露呈したのが、今回の日報隠蔽事件の本質であった。

　これを繰り返さないためには、ＰＫＯへの部隊派遣と憲法九条も含む現在のＰＫＯ派遣の法的枠組みが両立しなくなっている現実を直視し、「ＰＫＯへの参加をどうするのか」「憲法九条をどうするのか」といった本質的な議論を国民的に行う必要がある。もちろん、その上で大前提となるのは、過去の海外派遣に関する情報の最大限の公開と問題点の検証である。

　日本政府は、二〇一七年五月の南スーダン撤収以降、二年以上、ＰＫＯへの新たな部隊派遣を行っていない。これだけ長期間、部隊派遣が止まったことはこれまでなかった。南スーダンＰＫＯの「日報事案」を通じ、現地の危険な状況を隠したまま紛争地に自衛隊の部隊を派遣することの政治的リスクを、政府も痛感したのだろう。

　二〇一八年九月に国連本部で開かれたＰＫＯ改革に関する会合でも、河野太郎外相（当時）が、日本は今後、ＰＫＯに部隊を派遣する他国軍への教育訓練やジェンダー分野の人材育成などに力を入れていくと強調した。ＰＫＯに部隊を派遣していない今は、ＰＫＯ派遣のあり方や憲法との関係などについて、建前ではない本質的な議論ができる絶好のチャンスである。

　しかし、改憲には前のめりの現政権（安倍晋三内閣）だが、こうした本質的な議論を提起する姿勢は見られない。それどころか、「とにかく改憲さえできれば内容は何でもいい」と言わんばかりに、現在の憲法九条の条文には手を付けずにただ自衛隊の存在を追記するだけの改憲案を提案している。

さらには、PKO以外の新たな海外派遣も始めた。二〇一九年四月にはエジプトのシナイ半島で平和維持活動を行っている「多国籍部隊・監視団（MFO）」に司令部要員を派遣。二〇二〇年一月には、アメリカとイランとの緊張が高まる中東の海域に、「日本関係船舶の安全確保のための情報収集」を口実にして海上自衛隊の護衛艦と哨戒機《しょうかいき》の派遣を開始した。

特に後者は、派遣開始直前にアメリカがイラン革命防衛隊の最高幹部を無人機攻撃で殺害し、その報復でイランがイラク国内の米軍基地に一〇発以上の弾道ミサイルを撃ち込むという緊迫した事態が発生していた。

核問題でイランと対立するアメリカは、同国に軍事的圧力をかけるために、ホルムズ海峡で各国軍艦によるパトロールを行う連合作戦を開始した。日本は、イランとの伝統的な友好関係に配慮してこれには参加しなかったものの、自衛隊を独自に周辺海域に派遣して情報収集活動に当たらせることとした。収集した情報を米軍にも提供することで、アメリカ主導の連合作戦に貢献するというのがねらいだ。米軍との連携のために、バーレーンにある米中央海軍司令部にLO（連絡将校）も派遣した。

仮に今後、米軍とイラン革命防衛隊の戦闘が勃発した場合、米軍の目となり耳となって情報収集を行う自衛隊が、イラン革命防衛隊の攻撃目標とされる可能性は否定できない。つまり、南スーダンPKOの時と同様、〝政府軍〟が攻撃してくるかもしれない状況になる可能性がある。

正当防衛あるいは警察レベルの武器使用しか許されていない自衛隊に一国の政府軍と対峙させるのは、隊員たちを危険にさらすことになる。南スーダンPKOの検証を真摯に行っていれば、こういう判断はできないはずだ。しかし、検証しないまま、同じことを繰り返そうとしている。

政府は、自衛隊の情報収集活動が米軍の軍事作戦と一体化する問題について、「自衛隊が（米軍に）提供するのは一般的な情報で、そのまま軍事的に使えるものではない」と否定した（河野太郎防衛大臣）。しかし、このような弁明は日本国内では通用しても、紛争の現場では全く通用しないだろう。全ての軍事作戦は情報活動と不可分だからだ。さらに、米国とイランとの間で戦闘が勃発する危険性についても、「緊張状態にあると認識しているが、これ以上エスカレートすることはないと思う」と否定した（同前）。これも単なる「願望」にすぎず、この通りにいく保証は何もない。

結局、PKOへの関与については若干見直したものの、国際的には通用しないロジックと根拠なき安全論で自衛隊を海外派遣するという政府のやり方は、根本的には何も変わっていない。このままでは、いつか大きなしっぺ返しを食らうだろう。その前に、虚構に基づく海外派遣はもう終わりにしなければならない。

トンキン湾事件と柳条湖事件

「戦争の最初の犠牲者は真実である」――これは、私が座右の銘としている言葉である。私はある映画の中で知ったが、元々は古代ギリシャの三大悲劇詩人の一人、アイスキュロスが遺した言葉だという。

これほどジャーナリズムの存在意義を明確に示す言葉はないと思う。権力が暴走しないように監視をするのがジャーナリズムの重要な役割だが、権力の暴走で最も甚大な被害を生み出すのが戦争であり、不正な戦争を止めるのがジャーナリズムの最も重要な役割だと私は考えている。

アイスキュロスの言葉の通り、戦争では常に真実が最初に犠牲となる。だからジャーナリズムは、戦争を止めるために、権力の嘘や隠蔽を暴き出さなければならない。

ジャーナリズムがその大きな仕事を成し遂げた代表的な事例が、米ニューヨーク・タイムズ紙がベトナム戦争の隠された真実を暴露した「ペンタゴン・ペーパーズ」の報道（一九七一年）だろう。

この機密文書のスクープにより、アメリカがベトナムへの本格的な軍事介入の口実とした「第二次トンキン湾事件」（一九六四年八月四日にトンキン湾で米海軍駆逐艦が北ベトナム軍の魚雷攻撃を受けたという事件）が捏造されたものであったことが明らかになった。

アメリカはこの事件を契機に、米連邦議会で大統領に無制限とも言うべき戦争遂行権限を付与する決議が可決され、翌年二月から北ベトナムへの空爆作戦（北爆）を開始した。「ペンタゴン・ペーパーズ」のスクープにより、これらの決議や空爆作戦もトンキン湾事件以前から周到に計画されていたことが明らかになった。

すでにアメリカ国内では反戦運動が広がっていたが、この報道は世論の行方を決定づけた。嘘と捏造によってアメリカ国民を泥沼の戦争に引きずり込んだ政府への批判が高まり、政府は戦争を継続することが困難になった。そして、一九七三年一月の「パリ和平協定」で、停戦とベトナムからの米軍撤退で合意する。

ニューヨーク・タイムズ紙が機密文書である「ペンタゴン・ペーパーズ」を入手したことを知った当時のニクソン政権は、「合衆国の安全保障に重大な危険をもたらしかねない」として記事の差し止めを求める仮処分を裁判所に申し立てた。ニューヨーク・タイムズ紙はこの圧力に屈せずに報道を続け、ライバル紙のワシントン・ポスト紙も後に続く。最終的に、米連邦最高裁は、「報道の自由」などを謳《うた》う合衆国憲法修正第一条を根拠に記事の差し止め請求を却下。ベトナム戦争にともなう米政府の嘘を暴いたメディア側に軍配が上がった。

このケースは、ジャーナリズムが権力を監視するという役割を発揮して不正な戦争を終わらせる力になった事例だが、逆に、ジャーナリズムがその役割を全く発揮しなかったばかりに、勝ち目のない戦争をずるずると続け、国家滅亡の危機に陥った事例もある。第二次世界大戦中の日本である。

大戦中の日本のメディアは、権力を監視するどころか、「大本営発表」を垂れ流すだけの政府と軍部の「広報紙」と化していた。

大本営発表に詳しい辻田真佐憲《つじたまさのり》氏によれば、太平洋戦争中、大本営は敵の空母八四隻、戦艦四三隻を撃沈したと発表したが、実際に撃沈したのは空母一一隻と戦艦四隻だったという(『大本営発表　改竄・隠蔽・捏造の太平洋戦争』幻冬舎新書)。大本営発表では戦果の水増しや捏造が常態化し、メディアもそれをそのまま垂れ流したため、国民は戦況が悪化していることを知ることができなかった。

戦中・戦前の日本には報道の自由もなかったと捉えられがちだが、最初からそうだったわけではない。戦争に突入しようとする初期の段階では、権力を監視し、その暴走を止めるというジャーナリズムの役割を発揮するチャンスは十分あった。

戦前、朝日新聞の主筆を務めた緒方竹虎は、戦後に書いた本の中で次のように述べている。

筆者は今日でも、日本の大新聞が、満洲事変直後からでも、筆を揃えて軍の無軌道を警《いまし》め、その横暴と戦っていたら、太平洋戦争はあるいは防ぎ得たのではないかと考える。それが出来なかったことについては、自らをこそ鞭《むちう》つべく、固《もと》より人を責めべきではないが、当時の新聞界に実在した短見な事情が、機宜に『筆を揃える』ことをさせず、徒らに軍ファッショに言論統制を思わしめる誘惑と間隙とを与え、次つぎに先手を打たれたことも、今日訴えどころのない筆者の憾《うら》みである。（『一軍人の生涯――提督・米内光政《よないみつまさ》』光和堂）。

緒方が悔いている「当時の新聞界に実在した短見な事情」とは、新聞の販売部数を増やすために、軍部に自ら迎合していったことを指していると思われる。満州事変以降、朝日新聞をはじめとする大新聞は戦争に過熱する世論に乗っかる形で部数を増やしていった。戦争に関する報道競争を繰り広げる各社は、取材の便宜をはかってもらうために競い合うようにして軍に迎合していったのだ。

満州事変の契機となった「柳条湖《りゆうじようこ》事件」（一九三一年九月一八日、満州の奉天《ほうてん》近郊の柳条湖付近で日本の所有する南満州鉄道の線路が爆破された事件）は、中国軍による犯行と大々的に喧伝《けんでん》されたが、実際には関東軍による自作自演の謀略事件であった。最前線で取材していた記者の中には、謀略の事実を知っていた者や疑念を抱いていた者もいたが、それを取材し報じようとする者は皆無であった。そして、筆を揃えるように中国を非難し、軍部を激励したのである。

その姿勢は、政府と対峙してベトナム戦争に関する政府の嘘を暴いたアメリカのメディアの「ペンタゴン・ペーパーズ」報道とは、実に対照的であった。こうして日本では、軍部とメディアと国民が一体となって満州事変に熱狂し、泥沼の戦争に突入していったのである。

独立自尊の精神と連帯の力

このような過ちを二度と繰り返さないためには、ジャーナリズムが権力を監視し、嘘や隠蔽、捏造を暴き、真実を伝えるという役割を果たし続けていくことが必要である。

近い将来、戦前のように日本が単独で海外で戦争を始める可能性は低いだろう。しかし、同盟国アメリカと一緒ならば、どうだろうか？　現にアメリカは、今世紀に入ってからも、「大量破壊兵器の脅威」というでっち上げた嘘によってイラクで戦争を始めた。日本も、その後始末のために自衛隊を派遣し、この戦争の当事者となった。

その後も、集団的自衛権の行使を一部認める安保法制が制定されるなど、アメリカとの軍事的な一体化はいっそう深化している。強大な権力による不正な戦争を止めるために、ジャーナリストが組織の枠を超えて連帯しなければならない場面は、おそらく今後も訪れるだろう。

今回、私と三浦英之さんとのささやかな連帯を評価していただき、石橋湛山の名前を冠したジャーナリズムの賞をいただいたことは誠に光栄であった。

満州事変後、日本のメディアは「満蒙権益を守れ」の大合唱で中国との戦争に突き進む軍部を後押ししたが、東洋経済新報の石橋湛山はそうした流れに迎合せず、この戦争は中国の全国民を敵に回すだけでなく、やがては世界中を敵に回すこととなり日本の利益にはならないとして「満蒙放棄論」を唱えた。石橋のこの声が届いていれば、死者二〇〇〇万人とも言われるアジア・太平洋戦争におけるおびただしい犠牲は生まれなかっただろう。だが、石橋の孤軍奮闘では、大衆の熱狂とともに戦争へと突き進む流れを止めることはできなかった。

これからも、石橋の独立自尊の反骨精神を範とするとともに、自らの非力さも自覚し、同じ志を持つジャーナリストや市民との連帯を築いていきたい。

本文デザイン・地図作成　鈴木成一デザイン室
文書・資料提供　布施祐仁
本文写真　㈱朝日新聞社
三浦英之

本書は、二〇一八年二月、書き下ろし単行本として集英社より刊行された『日報隠蔽　南スーダンで自衛隊は何を見たのか』を文庫化にあたり改題し、大幅に加筆・修正しました。

集英社文庫　目録（日本文学）

集英社文庫　目録（日本文学）

船戸与一　蝶舞う館
古川日出男　サウンドトラック(上)(下)
古川日出男　gift
古川日出男　あるいは修羅の十億年
辺見庸　水の透視画法
保坂展人　いじめの光景
星野智幸　ファンタジスタ
星野博美　島へ免許を取りに行く
干場義雅　世界のビジネスエリートは知っている お洒落の本質
細谷正充・編　時代小説傑作選 江戸の爆笑力
細谷正充　宮本武蔵の『五輪書』が面白いほどわかる本
細谷正充・編　時代小説アンソロジー くノ一、百華
細谷正充・編　野辺に朽ちぬとも 吉田松陰と松下村塾の男たち
細谷正充・編　新選組傑作選 誠の旗がゆく
堀田善衛　若き日の詩人たちの肖像（上・下）
堀田善衛　めぐりあいし人びと
堀田善衛　ミシェル城館の人 第一部 争乱の時代
堀田善衛　ミシェル城館の人 第二部 自然 理性 運命
堀田善衛　ミシェル城館の人 第三部 精神の祝祭
堀田善衛　ラ・ロシュフーコー公爵傳説
堀田善衛　上海にて
堀田善衛　ゴヤ Ⅰ スペイン・光と影
堀田善衛　ゴヤ Ⅱ マドリード・砂漠と緑
堀田善衛　ゴヤ Ⅲ 巨人の影に
堀田善衛　ゴヤ Ⅳ 運命・黒い絵
穂村弘　本当はちがうんだ日記
堀辰雄　風立ちぬ
堀江貴文　徹底抗戦
堀江敏幸　なずな
本上まなみ　めがね日和
本多孝好　MOMENT
本多孝好　正義のミカタ I'm a loser
本多孝好　WILL
本多孝好　MEMORY
本多孝好　ストレイヤーズ・クロニクル ACT-1
本多孝好　ストレイヤーズ・クロニクル ACT-2
本多孝好　ストレイヤーズ・クロニクル ACT-3
本多孝好　Good old boys
誉田哲也　あなたが愛した記憶
本多有香　犬と、走る
本間洋平　家族ゲーム
前川奈緒 深谷かほる・原作　ハガネの女
槇村さとる　イマジン・ノート
槇村さとる キム・ミョンガン　あなた、今、幸せ？
槇村さとる　ふたり歩きの設計図
万城目学　ザ・万遊記
万城目学　偉大なる、しゅららぼん
益田ミリ　言えないコトバ

集英社文庫　目録（日本文学）

集英社文庫　目録（日本文学）

丸谷才一　星のあひびき
丸谷才一　別れの挨拶
麻耶雄嵩　メルカトルと美袋《みなぎ》のための殺人
麻耶雄嵩　貴族探偵
麻耶雄嵩　あいにくの雨で
麻耶雄嵩　貴族探偵対女探偵
眉村卓　僕と妻の1778話
まんしゅうきつこ　まんしゅう家の憂鬱
三浦綾子　裁きの家
三浦綾子　残像
三浦綾子　石の森
三浦綾子　ちいろば先生物語(上)(下)
三浦綾子　明日のあなたへ　愛するとは許すこと
みうらじゅん　とんまつりJAPAN　日本全国とんまな祭りガイド
みうらじゅん　宮藤官九郎　どうして人はキスをしたくなるんだろう？
三浦しをん　光

三浦英之　五色の虹　満州建国大学卒業生たちの戦後
三浦英之　南三陸日記
三浦英之　水が消えた大河で　ルポJR東日本・信濃川不正取水事件
三木卓　柴笛と地図
三崎亜記　となり町戦争
三崎亜記　バスジャック
三崎亜記　失われた町
三崎亜記　鼓笛隊の襲来
三崎亜記　廃墟建築士
三崎亜記　逆回りのお散歩
三崎亜記　手のひらの幻獣
水上勉　故郷
水上勉　働くことと生きること
水谷竹秀　日本を捨てた男たち　フィリピンに生きる「困窮邦人」
水谷竹秀　だから、居場所が欲しかった。　バンコク、コールセンターで働く日本人
水野宗徳　さよなら、アルマ　戦場に送られた犬の物語

未須本有生　ファースト・エンジン
水森サトリ　でかい月だな
三田誠広　いちご同盟
三田誠広　春のソナタ
三田誠広　永遠の放課後
道尾秀介　光媒の花
道尾秀介　鏡の花
三津田信三　怪談のテープ起こし
美奈川護　ギンカムロ
美奈川護　弾丸スタントヒーローズ
美奈川護　はしたかの鈴　法師陰陽師異聞
湊かなえ　白ゆき姫殺人事件
湊かなえ　ユートピア
宮尾登美子　影絵
宮尾登美子　朱夏(上)(下)
宮尾登美子　天涯の花

集英社文庫　目録（日本文学）

宮尾登美子　岩伍覚え書
宮木あや子　雨の塔
宮木あや子　太陽の庭
宮城公博　外道クライマー
宮城谷昌光　青雲はるかに(上)(下)
宮子あずさ　看護婦だからできること
宮子あずさ　看護婦だからできることII
宮子あずさ　老親《ろうしん》の看《み》かた、私の老い方
宮子あずさ　ナースな言葉　こっそり教える看護の極意
宮子あずさ　ナース主義！
宮子あずさ　卵の腕まくり　看護婦だからできることIII
宮沢賢治　銀河鉄道の夜
宮沢賢治　注文の多い料理店
宮下奈都　太陽のパスタ、豆のスープ
宮下奈都　窓の向こうのガーシュウィン
宮田珠己　ジェットコースターにもほどがある
宮田珠己　だいたい四国八十八ヶ所
宮部みゆき　地下街の雨
宮部みゆき　R.P.G.
宮部みゆき　ここはボツコニアン　1
宮部みゆき　ここはボツコニアン　2　魔王がいた街
宮部みゆき　ここはボツコニアン　3　二軍三国志
宮部みゆき　ここはボツコニアン　4　ほらホラHorrorの村
宮部みゆき　ここはボツコニアン　5　FINAL　ためらいの迷宮
宮本輝　焚火の終わり(上)(下)
宮本輝　海岸列車(上)(下)
宮本輝　水のかたち(上)(下)
宮本輝　いのちの姿　完全版
宮本輝　田園発　港行き自転車(上)(下)
宮本輝　草花たちの静かな誓い
宮本昌孝　藩校早春賦
宮本昌孝　夏雲あがれ(上)(下)
宮本昌孝　みならい忍法帖　入門篇
宮本昌孝　みならい忍法帖　応用篇
深志美由紀　怖い話を集めたら　連鎖怪談
三好徹　興亡三国志一～五
武者小路実篤　友情・初恋
村上通哉　うつくしい人　東山魁夷
村上龍　テニスボーイの憂鬱(上)(下)
村上龍　ニューヨーク・シティ・マラソン
村上龍　ラッフルズホテル
村上龍　すべての男は消耗品である
村上龍　龍言飛語
村上龍　エクスタシー
村上龍　昭和歌謡大全集
村上龍　KYOKO
村上龍　はじめての夜　二度目の夜　最後の夜
村上龍　メランコリア

集英社文庫　目録（日本文学）

村上龍・中田英寿　文体とパスの精度
村上龍　タナトス
村上龍　2days 4girls
村上龍　69 sixty nine
村田沙耶香　ハコブネ
村山由佳　天使の卵　エンジェルス・エッグ
村山由佳　BAD KIDS
村山由佳　もう一度デジャ・ヴ
村山由佳　野生の風
村山由佳　きみのためにできること
村山由佳　キスまでの距離　おいしいコーヒーのいれ方Ⅰ
村山由佳　青のフェルマータ
村山由佳　僕らの夏　おいしいコーヒーのいれ方Ⅱ
村山由佳　彼女の朝　おいしいコーヒーのいれ方Ⅲ
村山由佳　翼　cry for the moon
村山由佳　雪の降る音　おいしいコーヒーのいれ方Ⅳ

村山由佳　緑の午後　おいしいコーヒーのいれ方Ⅴ
村山由佳　海を抱く　BAD KIDS
村山由佳　遠い背中　おいしいコーヒーのいれ方Ⅵ
村山由佳　夜明けまで1《ワン》マイル　somebody loves you
村山由佳　坂の途中　おいしいコーヒーのいれ方Ⅶ
村山由佳　優しい秘密　おいしいコーヒーのいれ方Ⅷ
村山由佳　聞きたい言葉　おいしいコーヒーのいれ方Ⅸ
村山由佳　天使の梯子
村山由佳　夢のあとさき　おいしいコーヒーのいれ方Ⅹ
村山由佳　ヘヴンリー・ブルー
村山由佳　蜂蜜色の瞳　おいしいコーヒーのいれ方 Second Season Ⅰ
村山由佳　明日の約束　おいしいコーヒーのいれ方 Second Season Ⅱ
村山由佳　約束　―村山由佳の絵のない絵本―
村山由佳　消せない告白　おいしいコーヒーのいれ方 Second Season Ⅲ
村山由佳　凍える月　おいしいコーヒーのいれ方 Second Season Ⅳ
村山由佳　雲の果て　おいしいコーヒーのいれ方 Second Season Ⅴ

村山由佳　彼方の声　おいしいコーヒーのいれ方 Second Season Ⅵ
村山由佳　遥かなる水の音
村山由佳　記憶の海　おいしいコーヒーのいれ方 Second Season Ⅶ
村山由佳　地図のない旅　おいしいコーヒーのいれ方 Second Season Ⅷ
村山由佳　放蕩記
村山由佳　天使の柩
村山由佳　La Vie en Rose　ラヴィアンローズ
群ようこ　トラちゃん
群ようこ　姉の結婚
群ようこ　でも女
群ようこ　働く女
群ようこ　トラブルクッキング
群ようこ　きもの365日
群ようこ　小美代姐《こみよねえ》さん花乱万丈《からんばんじょう》
群ようこ　ひとりの女
群ようこ　小美代姐さん愛縁奇縁

集英社文庫

日報隠蔽《にっぽういんぺい》 自衛隊《じえいたい》が最《もっと》も「戦場《せんじょう》」に近《ちか》づいた日《ひ》

2020年4月25日 第1刷 定価はカバーに表示してあります。

著 者 布施祐仁《ふせゆうじん》
三浦英之《みうらひでゆき》

発行者 徳永 真

発行所 株式会社 集英社
東京都千代田区一ツ橋2-5-10 〒101-8050
電話 【編集部】03-3230-6095
【読者係】03-3230-6080
【販売部】03-3230-6393(書店専用)

印 刷 大日本印刷株式会社

製 本 大日本印刷株式会社

フォーマットデザイン アリヤマデザインストア マークデザイン 居山浩二

Printed in Japan ISBN978-4-08-744104-8 C0195